电子电工技术 边学边用 丛书

彩色电视机

>>> 王学屯　主编

U0347557

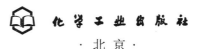

化学工业出版社

·北京·

本书采用大量的电路图、实物图以及可靠的实测数据，详细地介绍了彩色电视机的维修技巧，主要内容包括：彩色电视机传像原理及基础知识，超级芯片彩色电视机的系统组成，超级芯片彩色电视机的基本工作原理，海尔 OM8370 超级芯片彩电工作原理，检修基本知识及常用方法，故障分析与维修，海尔彩色电视机维修实例，TCL 彩色电视机维修实例，长虹彩色电视机维修实例，主板代换技术等。本书最后还附有维修资料宝库，便于读者查阅。

本书内容实用，基础性强，原理分析透彻，维修实例丰富，图片量多精美，资料准确可靠，语言通俗易懂，文字言简意赅。

本书适合家电维修技术人员、初学者及业余爱好者自学使用，也可用作职业院校和培训机构相关专业的参考书。

图书在版编目（CIP）数据

边学边修彩色电视机/王学屯主编. —北京：化学工业出版社，2016.2
（电子电工技术边学边用丛书）
ISBN 978-7-122-25779-6

Ⅰ.①边… Ⅱ.①王… Ⅲ.①彩色电视机-维修
Ⅳ.①TN949.12

中国版本图书馆 CIP 数据核字（2015）第 285744 号

责任编辑：耍利娜　　　　　　　　　　装帧设计：刘丽华
责任校对：蒋　宇

出版发行：化学工业出版社（北京市东城区青年湖南街13号　邮政编码100011）
印　　刷：北京云浩印刷有限责任公司
装　　订：三河市瞰发装订厂
850mm×1168mm　1/32　印张10　插页2　字数263千字
2016年3月北京第1版第1次印刷

购书咨询：010-64518888（传真：010-64519686）　售后服务：010-64518899
网　　址：http://www.cip.com.cn
凡购买本书，如有缺损质量问题，本社销售中心负责调换。

定　　价：38.00元

本书为"电子电工技术边学边用丛书"之一。本系列不求高、大、全，但求精、细、美，即在章节选材上要"经典、精炼"；在内容上要"细致入微"，尽量贴近初学者；列举图片要"精美"，让读者不光是读图，更是对图片的一种欣赏。

本书根据超级芯片彩电的工作原理、特点和常见故障现象、维修特点，结合维修技能要求有针对性地展开讲解。本书共分11章，主要内容如下。

第1章　彩色电视机传像原理及基础知识。主要介绍无线电的基础知识、基本概念和电视传像的基本原理。

第2章　超级芯片彩色电视机的系统组成。主要介绍超级芯片 I²C 总线集成电路、超级芯片彩色电视机的系统组成和彩色电视机的系列与机芯等，深入了解超级芯片彩电系统组成及各系统组成主要作用，就可使维修达到事半功倍的目的。

第3章　超级芯片彩色电视机的基本工作原理。以电视机的系统组成与基本工作原理为主线展开介绍。全章从维修的角度出发，详细阐述电视机的系统组成、基本工作原理、各单元电路的基本组成和信号控制流程等方面知识，是维修、调试人员必备的基础知识。

第4章　海尔 OM8370 超级芯片彩电工作原理。主要介绍海尔 OM8370 超级芯片彩电工作原理，该产品型号主要有 21TA-T、21FA1-T、21T9D-T、21FV6H-A8、21FB1 等。

第5章　常用维修工具及仪表的使用方法。对于一个维修彩电的技术人员来讲，除了应具备掌握分析电路原理外，还应熟练掌握常用维修工具及仪器的正确使用、技巧及注意事项，只有掌握了检测工具的使用和调整，才能进行基本的电路测试，才能对电路进行检测和维修。

第6章　检修基本知识及常用方法。维修彩色电视机，应根据故障现象，利用各系统、各单元电路的作用及信号流程，进行逻辑推断、综合分析判断故障部位。当分析或判断是某一部分电路有故障时，还必须通过一定的检测方法，进行确定，本章主要讲述彩色电视机的常用维修方法。

第7章　故障分析与维修。虽然电视机的牌号、型号、机芯等千差万别，但电视机的原理方框图基本上是不变的，可以充分利用方框图判断故障部位。具体的做法是根据各系统、各单元电路的作用及信号流程，进行逻辑维修、综合分析，最终达到缩小故障范围。

第8章　海尔彩色电视机维修实例。主要介绍海尔彩电几个流行机芯的维修逻辑图及一些常见故障的维修实例，供学习者维修时参考。

第9章　TCL彩色电视机维修实例。优选普及率较高的TCL（王牌）彩色电视机为例，从实例机型入手，分析故障现象，借助检测的基本方法及仪器，详细讲述检修步骤，通过逻辑分析和判断，引领大家进入维修的实战操作。

第10章　长虹彩色电视机维修实例。主要以长虹彩电的几个系列机型为主，详细阐述故障现象、故障机型、逻辑检修及检修步骤的具体实例。

第11章　主板代换技术。彩电主板严重损坏（如雷电击）、遇到疑难故障多次维修过、元器件严重老化（如已使用十几年）或有时遇到主板上的主要元器件如高压包、高频头、集成电路等损坏而有无法买到，就可考虑代换主板。

附录　维修资料宝库。彩电维修资料短缺是本修理行业中的一个老大难问题。本章给出了广大修理人员急需的常用晶体管代换及部分图纸。充分利用这些宝贵的检修资料可大大提高你的工作效率。

本书适合家电维修技术人员、初学者及业余爱好者自学使用，也可用作职业院校和培训机构相关专业的参考书。

本书由王学屯主编，参加编写的还有潘晓贝、王曌敏、高鲜梅、孙文波、王米米、刘军朝、王江南、张颖颖、张建波、赵广建、王学道、王琼琼等。同时，在本书的编写过程中参考了大量的文献和书籍，鉴于篇幅原因，书后只列出了一部分，在此，对这些文献和书籍的作者深表感谢！

由于笔者水平有限，且时间仓促，本书难免有不妥之处，恳请各位读者批评指正，以便日臻完善，在此表示感谢。

编　者

目 录

第6章 检修基本知识及常用方法 159

第7章　故障分析与维修　189

第**1**章

彩色电视机传像原理及基础知识

本章主要介绍无线电的基础知识、基本概念和电视传像的基本原理。

1.1 无线电广播

1.1.1 无线电基础知识

（1）无线电波

无线电波是一种看不见、摸不着的客观存在着的运动物质。我们知道，当一根导线内有高频电流流过时，在导线的周围也会产生电磁波，把能够向周围空间传播一定距离的交替变换的电磁和磁场，称为无线电波。

无线电波在传播中，每变换一个周期波峰与波峰的距离叫波长，用 λ 表示，单位为 m（米），如图 1-1 所示。

频率是指在 1s 内无线电波变化的次数，用 f 表示，单位为 Hz（赫）。

周期是指无线电波变化一次所需的时间，用 T 表示，单位

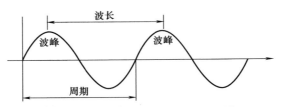

图 1-1 无线电波的波长、频率与周期

为 s（秒）。

波速是指无线电波每秒所传播的距离，用 c 表示，单位为 m/s。这几个物理量的关系为：

$$T = \frac{1}{f} \quad f = \frac{1}{T} \quad \lambda = \frac{c}{f} = cT$$

电波在空间传播速度很快，约等于光速，即波速为 3×10^8 m/s，每秒可绕地球 7 圈半。

（2）无线电波波段的划分

依据电波频率的不同，可将无线电波分成多个波段。不同波段的无线电波其传播特性和规律也不尽相同。电波不同的传播特性决定了各个波段的应用范围，如表 1-1 所示。

表 1-1 部分无线电波波段的划分

波段	波长范围	频段	频率范围	应用范围
超长波	$100 \sim 10$km	甚低频（VLF）	$3 \sim 30$kHz	海上远距离通信、电报通信
长波	$10 \sim 1$km	低频（LF）	$30 \sim 300$kHz	
中波	1km~ 100m	中频（MF）	$300 \sim 3000$kHz	无线电广播和电报通信
短波	$100 \sim 10$m	高频（HF）	$3 \sim 30$MHz	
超短波	$10 \sim 1$m	甚高频（VHF）	$30 \sim 300$MHz	电视机等
微波	1m~ 1mm	超高频（UFH）	300MHz~ 300GHz	

1.1.2 电视广播的发送与接收

（1）无线电广播的发送

无线电广播是利用无线电波来传播语言或音乐信号的。在自然界中，声波的频率范围十分宽广，而人们却只能听到频率在 20Hz～

20kHz 之间的声音。频率高于 20kHz 的声音称为超高频，频率低于 20Hz 的声音称为次声波。超声波和次声波都是人耳听不到的，但它们都可以应用在其他技术领域中。

音频型号的频率较低，不能通过普通天线直接发射到空间，而且也无法实现多个节目的同时播放，同时最大的缺点是传播距离不远。利用无线电波传输速度快的特点，可以把电台广播的声音传递到世界上任何地方，就好比飞机把乘客运到各地一样。把音频信号装载到高频波上的过程称为调制，运载广播声音的无线电波称为载波，调制后的信号称为已调波。电视技术中一般采用调幅调制和调频调制两种形式。

① 调幅波。调幅是指高频载波的振荡幅度随调制信号的变化而变化，而高频载波的频率不变，其波形如图 1-2（a）所示。

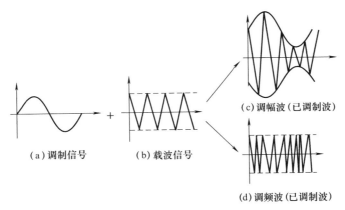

图 1-2　调幅、调频波形图

② 调频波。调频是指高频载波的频率随调制信号的变化而变化，而高频载波的幅度不变，波形如图 1-2（b）所示。

无线电广播的发射机方框图如图 1-3 所示。

发射机的工作原理：话筒是把声音转化为电信号（音频信号）；音频放大器是把音频信号进行功率放大；高频振荡器是产生高频振荡信号，作为载波；调制器是把音频信号装载到高频信号上，形成

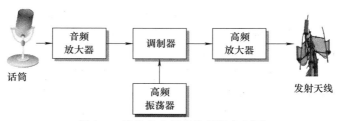

图 1-3　无线电广播的发射机方框图

已调制信号；高频放大器是对已调制信号进行放大，然后通过天线向空中发射出去。

（2）无线电广播的接收

无线电广播的接收是发射的逆过程，即还原过程。最简单的无线电广播接收机的方框图如图 1-4 所示。

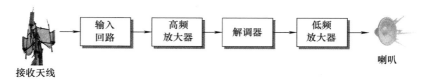

图 1-4　无线电广播接收机的方框图

接收机工作原理：输入回路是把从天线接收到的无线电波进行选频（选台），选出我们所要的电台；高频放大器是把选取的电台信号进行放大；解调器是把载波和音频信号进行分离，即去载或检波，还原出声音信号；低频放大器是对音频信号进行功率放大，去驱动喇叭，还原出声音。

上面介绍的接收机我们称为直放式。

在解调前一直不改变高频已调波载波频率的接收机称为直放式接收机。由于技术的原因，目前的电视接收机做不到这样，基本上都采用超外差式。超外差式接收机在输入调谐电路之后增加了变频电路，它把输入调谐回路选出的高频已调制波的频率经变频电路变换成频率固定且低于载波的中频，然后再对中频信号进行放大、解调等处理。在超外差式接收机中，不同电台的高频信号经变频电路后都变成中频信号，然后进行放大。在电视机中，我国的图像中频为 38MHz，伴音中频为 31.5MHz，第二伴音中频为 6.5MHz，彩色副载频为 4.43MHz。

（3）电视广播

电视广播是由电视台传送图像和伴音信号的过程。电视广播示意图如图 1-5 所示。

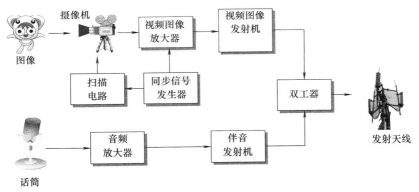

图 1-5　电视广播示意图

电视伴音的广播和语音音乐的调频广播一样，图像的广播过程和调幅广播类似，这两路信号经双工器混合后，由电视天线或有线电视广播系统发射出去。由图 1-5 还可以看到：摄像机还有同步信号发生器、扫描电路等辅助电路，才能形成完整的电视信号。关于这些电路的作用，将在后面的章节中进行介绍。

1.2　彩色电视传像原理 <<<

1.2.1　光栅的形成

图像的拍摄是利用摄像机中的摄像管来实现光—电的转换。摄像机是把景物通过扫描（光的体现）转换成为像素（电的体现），然后经过处理通过调制发射出去，而电视机是通过显像管进行电-光转换，重新还原出原景物。上面的这些转换都离不开光栅。

（1）视觉暂留特性

视觉暂留特性就是指人眼在观察物体或图像时，尽管外界图像已经消失，但人的视觉还把这个图像保留一段短暂的时间。例如，在黑暗处用点燃的香烟快速地划圆圈，我们看到的不是一个转动的光点，而是一个亮圈，这就是视觉暂留特性。

（2）像素

从各种黑白图片上可以看出，每一幅图片都是由许许多多亮暗不同的小点点所组成的，这些小点点称为像素。在同一幅图片中，像素的数目与清晰度成正比，像素越多，图片越清晰；反之，图片越模糊。

（3）扫描与光栅

扫描就是摄像管或显像管利用电子束对图像进行分割，使之成为许许多多的像素，我们把电子束从左到右，从上到下的运动过程称为扫描。电子束在屏幕上沿水平方向的扫描称为行扫描，沿垂直方向的扫描称为场扫描（亦称帧扫描）。电子扫描简图如图 1-6 所示。

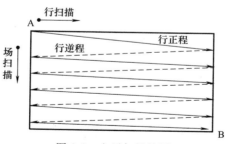

图 1-6　电子扫描简图

由于实际中电子束的两种扫描是同时进行的，且行扫描速度远远大于场扫描速度，所以屏幕上得到的是一行紧接一行略向下方倾斜的水平亮线，这样，行、场扫描合成为光栅。

电子束从上向下、从左到右一行接着一行地依次扫描称为逐行扫描，如图 1-6 所示。图中的实线表示行扫描正程，虚线表示行扫描逆程。正程时间长，逆程时间短，一个正程时间与一个逆程时间的和称为一个行周期，用 T_H 表示。

电视机是在扫描正程时间内显示图像的，而在逆程时间内不传送图像，因此要把逆程的回扫线消去，使它不出现在显示屏上（称为消隐），以保证图像的清晰度。

电子束在垂直方向从 A 到 B 完成一帧（幅）扫描，称为帧扫描正程；再从 B 回到 A 的过程，称为帧扫描逆程（图中未画出）。同样，帧逆程也要加以消隐。帧扫描正程时间与其逆程时间的和称为一个帧周期，用 T_V 表示。

逐行扫描由于每秒传送 25 帧图像会产生闪烁现象，为了克服这一缺陷，现行的电视机大部分都是采用隔行扫描，仅有"高清"的新型机是逐行扫描方式。

隔行扫描就是把一帧图像分成两场扫完，第一场扫描奇数行，形成奇数场图像，如图 1-7（a）所示；然后进行第二场扫描，扫描偶数行，形成偶数场图像，如图 1-7（b）所示；最后，奇数场与偶数场恰到好处地对插在一起，由于人眼的视觉暂留特性，看到的就是一幅完整的图像，如图 1-7（c）所示。

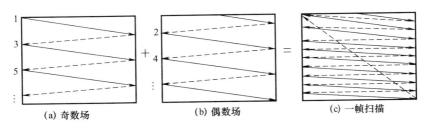

图 1-7 逐行扫描简图

在电子扫描时，我国电视标准规定参数为：

行频：$f_H = 15625\,\mathrm{Hz}$　　　行周期：$T_H = 64\,\mu\mathrm{s}$

行正程时间：$52\,\mu\mathrm{s}$　　　行逆程时间：$12\,\mu\mathrm{s}$

场频：$f_V = 50\,\mathrm{Hz}$　　　场周期：$T_V = 20\,\mathrm{ms}$

场正程时间：18.4ms　　　场逆程时间：1.6ms

每帧总行数：625 行　　　每场行数：312.5 行

（4）亮度、对比度、音量

亮度即亮暗程度，人们观看电视图像有一定的亮度范围，因此要设置亮度调节控制荧光屏的发光程度。电视机图像的亮度是由光栅的亮度所决定的，而光栅的亮度是通过控制电子束流的强弱来实现的，它实质是调节显像管阴极与栅极间直流偏置电位。我国采用的是负极性视频信号，即电压越高，束流越小，光栅越暗，亮度降低；反之，电压越低，束流越大，光栅越亮，亮度增大。视频电压的高低与图像的亮暗正好相反，把这个信号称为负极性电视信号。

对比度是黑与白的比值，也就是从黑到白的渐变层次。比值越大，从黑到白的渐变层次就越多，从而色彩表现越丰富。对比度对视觉效果的影响非常关键，一般来说，对比度越大图像越清晰醒目，色彩也越鲜明艳丽；而对比度小，图像上蒙了一层雾似的，则会让整个画面都灰蒙蒙的。这就表明调节对比度实质上是调节图像的清晰度，只有把对比度调节合适才能显示清楚的电视图像。

在观看电视图像时，必须配有合适的声音才能达到满意的效果，因此，音量调节是任何电视机都必不可少的。

1.2.2　彩色图像的合成

（1）光与色的关系

光也是一种以电磁波形式存在的特殊物质，人眼对不同波长的光引起不同的颜色感觉。在可见光的范围内，按不同波长的相应颜色排列为红、橙、黄、绿、青、蓝、紫七种颜色，把这些色光混合在一起就得到白光。我们把白光称为复色光，把这七种颜色的光称为单色光。根据光的可逆性原理可知，复色光可以分解色散为单色光，单色光可以合成复色光。

（2）三基色

电视机屏幕上显示的颜色很丰富，是利用了色度学上的基色混色原理。根据三基色原理，要传送和重现自然界中的各种彩色，无需逐一去传送不同的各种彩色信号，实际上这也是不可能的，而只要将各种彩色分解成不同比例的三基色，并只传送这三基色信号。在彩色重现时将这比例不同的三基色信号相加混色，即可产生相同彩色的视觉效果。在电视技术中，把红（R）、绿（G）、蓝（B）作为三基色。

三基色混色规律如图 1-8 所示。由图可见，以等量的红、绿、蓝三基色光进行相加混色效果如下：

红色＋绿色＋蓝色＝白色

红色＋绿色＝黄色

绿色＋蓝色＝青色

红色＋蓝色＝紫色

红、绿、蓝三色称为基色，青、紫、黄分别称为它们对应的补色。这个相加混色规律只有按一定比例相加才成立。如果改变所配颜色的量，混色的效果就会发生变化，而且色调与饱和度也会发生变化。

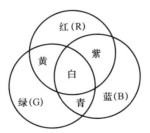

图 1-8 三基色混色规律

在电视机的显像管中，红、绿、蓝三电子束同时轰击荧光屏的同一个像素，哪支电子束发射力强，击打速度快，这个像素就发什么颜色的光。在红、绿、蓝三电子束轰击荧光屏内壁荧光粉的途径中，分别加入一个有规律变化的水平方向和垂直方向的偏转磁场，就可以实现显像管红、绿、蓝三电子束同时的左右与上下扫描，还原出彩色景物图像。同时，通过改变三基色颜色的数量，色调和色饱和度即发生变化，电视机的色调和色饱和度就是通过相关电路改变基色的配色量，从而达到改变色调和色饱和度的目的。

（3）彩色三要素

亮度、色调和色饱和度称为彩色的三要素。任何一种彩色对人眼引起的视觉作用，都可以用彩色三要素来描述和表征。

亮度是指人眼所感觉的彩色明暗程度，用字母 Y 表示。亮度取决于光线的强弱。

色调是指彩色的颜色类别，如红、绿、蓝、青、紫、黄分别表示不同的色调。调节色调相当于给彩色图像调色。

色饱和度是指彩色的深浅程度。

色调和色饱和度统称为色度，用字母 F 表示。它既说明彩色光的颜色类型，又说明颜色的深浅程度。在彩色电视机中，所谓传输彩色图像，实质上就是传输图像的亮度和色度。调节色饱和度相当于给黑白图像染色，色饱和度小图像颜色淡，色饱和度大图像颜色深。

（4）全电视信号

彩色电视信号由图像信号（视频信号）和伴音信号组成。全电视信号又简称视频信号，PAL 制彩色全电视信号 E 是由色度信号（F），亮度信号（Y），行、场复合消隐信号（B），行、场复合同步信号（S）及色同步信号、前后均衡脉冲和槽脉冲等组成，缩写成 FBYS。

PAL 制彩色全电视信号的波形图如图 1-9 所示，图中画出了一行周期内彩色信号的电压波形图。

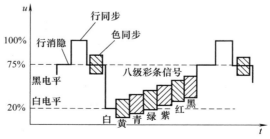

图 1-9 PAL 制彩色全电视信号波形图

各信号的特点和作用如下：

① 亮度、色度这两个信号在行、场扫描的正程期间出现。亮度信号反映的是像素的亮暗程度，即黑白图像，而色度信号反映的是像素的彩色变化，即景物的颜色。

② 复合消隐信号包括行消隐和场消隐，分别在行、场逆程期间出现。光栅现成的扫描需要逆程，而反映景物的图像是不能出现回扫线的，因此，需要用行消隐信号和场消隐信号来消除逆程期间的回扫线，保证图像的清晰度。

③ 复合同步信号包括行同步和场同步，分别在行、场逆程期间出现。主要作用是保证发送端与接收端的电子扫描相位和频率保持一致。

④ 色同步信号出现在行消隐的后肩。主要作用是给接收端产生的副载波提供频率、相位与发送端一致的基准，还给出 V（色差解调）信号的切换信号，使接收端电子开关按发送端极性同步切换。

⑤ 前后均衡脉冲使接收机的隔行扫描准确，不出现并行现象，同时也使接收机的行同步稳定。槽脉冲的主要作用是保证行同步信号的连续性。

第2章

超级芯片彩色电视机的系统组成

本章主要介绍超级芯片 I^2C 总线集成电路、超级芯片彩色电视机的系统组成和彩色电视机的系列与机芯等，深入了解超级芯片彩电系统组成及各系统组成主要作用，就可使维修达到事半功倍的目的。

2.1 非总线集成电路

在电路中，元器件是一个个独立的连接而组成的电路，称为分立式电路。

集成电路是将成千上万的晶体管、阻容元件以及连线等集中制作在同一块很小的半导体硅片上，经过特殊封装即构成集成块，简称 IC。从外部看，它是一个完整、独立的器件，而其内部实质上是一个较复杂甚至很复杂的电路。一个集成块配上少量的外围元件（这些元件暂时因技术原因难以制作在 IC 内），就可以完成电视机中的一个或多个单元电路的功能。

90 年代中期，电视机一般采用中央微处理器（CPU）与一个小信号处理集成电路（单片 IC）组成一个整机电路，也就是说，CPU 与 IC 是各自独立的，如图 2-1 所示。这种机型，在维修行业中俗称非总线机。

　　简单型总线彩电在CPU 的总线上只挂接了存储器或除挂接存储器外还挂接有音频信号处理电路或其他电路，但在总线上没有挂接视频/色度/扫描集成电路，如图 2-2 所示。这种彩电属于简单型总线彩电，它没有常说的总线彩电维修状态，维修方法与常规 CPU 彩电的修理方法类似。

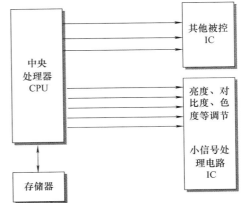

图 2-1　非总线电路简图

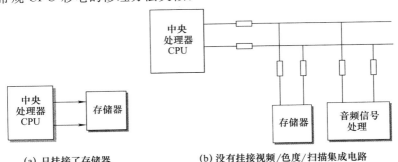

(a) 只挂接了存储器　　　　(b) 没有挂接视频/色度/扫描集成电路

图 2-2　简单型总线彩电

2.2　超级芯片I²C总线集成电路

2.2.1　I²C 总线集成电路

　　I^2C 总线是英文 Inter Integrated Circuit Bus 的缩写，译为"内

部集成电路总线"或"集成电路间总线",一般称为总线。I^2C 总线是一种高效、实用、可靠的双向二线串行数据传输结构总线,如图 2-3 所示。

I^2C 总线使各电路分割成各种功能模块,并进行软件化设计。这些功能模块电路内部都集成有一个 I^2C 总线接口电路,因此可以挂在总线上,很好地解决了众多集成电路与系统控制微处理器之间功能不同的压控电路,从而使采用具有 I^2C 总线的微处理器与功能模块集成电路构成的电视机,没有调整用的各种开关和可调元器件,不但杜绝了非总线机中众多的微调元器件与开关因被氧化所产生的故障,而且还可依靠 I^2C 总线的多重主控能力,采用软件寻址和数据传输,对电视机的各项指标和性能进行调整与功能控制。

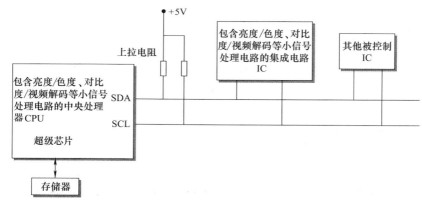

图 2-3　I^2C 总线电路简图

采用 I^2C 总线控制方式的彩色电视机称为 I^2C 总线彩色电视机,简称总线彩色电视机。

I^2C 总线控制实质上是一种数字控制方式,它只需两根控制线,即时钟线（SCL）和数据线（SDA）,便可对电视机的功能实现控制,而常规遥控彩电中每一个功能的控制是通过专用的一根线（接口电路）进行的。I^2C 总线的主要特点如下:

① 总线上的信号传输只需用 SDA 数据和 SCL 时钟两根线。

时钟线作用是为电路提供时基信号，用来统一控制器件与被控制器件之间的工作节拍，不参与控制信号的传输；数据线是各个控制信号传输的必经之路，用来传输各控制信号的数据及这些数据占有的地址等内容。

② 总线上数据的传输采用双向输入（IN）/输出（OUT）的方式。

③ 总线是多主控，即总线具有多重主控能力，是由多个主控器同时使用总线而不丢失数据信息的一种控制方式，可以传输多种控制指令。

④ 总线上存在主控与被控关系。主控电路就是总线系统中能够发出时钟信号和能够主动发出指令（数据）信号的电路；被控电路就是总线系统中只能被动接收主控电路发出的指令并做出相应的电路。

⑤ 总线上的每一个集成电路或器件是以单一的地址用软件来存取，因此，在总线上的不同时间与位置上虽然传输着众多的控制信号，但各被控的集成电路或器件只把与自己的地址相一致的控制信号从总线上读取下来，并进行识别处理，得到相应的控制信号，以实现相应的控制。

2.2.2 超级芯片 I²C 总线电路

简单地讲，超级芯片 I²C 总线电路，就是将单片微处理器与电视机小信号处理电路封装在一起。这样，整个彩色电视机就几乎只用一块集成电路组装成，一般称为超级芯片 I²C 总线彩色电视机，简称超级芯片电视机。超级芯片 I²C 总线电路的结构简图如图 2-4 所示。本书所介绍的内容，就是指

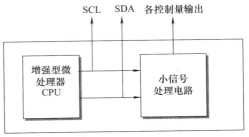

图 2-4　超级芯片 I²C 总线电路的结构简图

这一代产品的彩色电视机。

微处理器是 I^2C 总线控制系统的核心部件，主要包括 CPU、只读存储器 ROM（程序 ROM）、随机存储器 RAM 及各种接口电路等，它的工作由中央处理器（CPU）控制，故也称为 CPU。

微处理器是经过许多制造工艺和采用一定制造技术制成的。首先是绘制微处理器的电路板图并制成特殊的照相底版，然后通过照相底版采用光刻录技术在硅材料芯片上光刻出微处理器的电路图。最后采用扩散工艺制造其中的 CPU、ROM、RAM 及各种接口电路。其中制作的特殊照相底版，在行业中常称为掩膜板或掩膜片（俗称掩膜），以便用一个掩膜板成批地生产某一种微处理器。

专业生产微处理器的生产厂家为便于降低成本、批量生产、扩展销路，在制作掩膜板时有意将 ROM 部分的掩膜图留为空白，然后由电视机厂家订货时根据需要提供掩膜板图补入。这样就可由一种母版派生出许多型号的微处理器，如此制得的微处理器常称为"××掩膜"（××为电视机的生产厂家）。掩膜后的微处理器中 ROM 内部的程序是由电视机生产厂家设计指定的，因此，这类微处理器也就由电视机生产厂家专用。

例如，飞利浦公司生产的 TDA9370 微处理器，其中的 ROM 部分先留为空白。若康佳电视机厂家需要，就由该厂家设计提供 ROM 的内部程序，再由飞利浦公司按照康佳电视机厂的要求进行掩膜制造，然后重新命名为 CKP1402SA；同样道理，长虹公司的 TDA9370 掩膜后型号为 CH05T1602、CH05T1604、CH05T1607 等；TCL（王牌）公司的 TDA9370 掩膜后型号为 13-A02V02-PHP。从以上可知，CKP1402SA、CH05T1602、CH05T1604、CH05T1607、13-A02V02-PHP 等都是 TDA9370 微处理器派生出来的，也就是说，中央处理器（CPU）都是一样的，而 ROM 都是不一样的，因此，它们之间一般不能互换，也不能用母版 TDA9370 代换。

每一个微处理器上都标有型号，CPU 的型号主要包括两部分，分别为硬件型号和软件号（掩膜号）。例如，微处理器 TDA9370-

CH05T1602，TDA9370 为飞利浦硬件型号，CH05T1602 为长虹
电视机厂家的掩膜号。应注意的是，在实际维修中也可能遇到微处
理器并没有软件号的，这是由于其他种种原因而不直接掩膜，而是
先用 OTP（一次性写入）芯片人工写入程序来试验性生产。

2.3　超级芯片彩色电视机的系统组成 <<<

2.3.1　超级芯片彩电系统组成

超级芯片彩色电视机系统组成简图如图 2-5 所示。

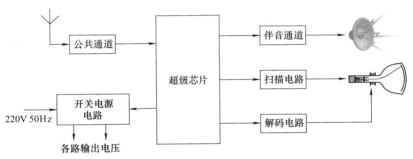

图 2-5　超级芯片彩色电视机系统组成简图

从图中我们可以了解到按电路功能来分，I²C 总线超级芯片彩色
电视机由六大系统组成，分别为：开关电源电路——整机能源供给电
路；超级芯片——CPU 及小信号处理电路；公共通道——全电视信号
的通路，主要处理图像信号；伴音通道——伴音信号电路；扫描电
路——光栅形成及稳定电路；解码电路——亮度、色度处理电路。

超级芯片彩色电视机系统组成方框图如图 2-6 所示。

各系统电路的主要作用分别如下。

① 开关电源电路——整机能源供给电路。主要包括：消磁电
路、抗干扰电路、整流、滤波和稳压电路等。

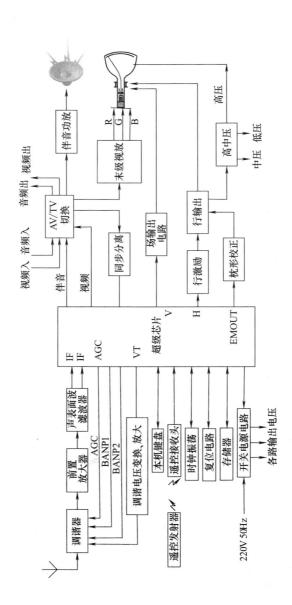

图 2-6 超级芯片彩色电视机系统组成方框图

② 超级芯片——CPU 及小信号处理电路。主要包括：CPU、
I²C 总线、音视频小信号处理电路、存储器、遥控发射器、遥控接
收、本机键盘和各种接口电路等。

③ 公共通道——全电视信号的通路，主要处理图像信号。它
包括：调谐器（高频头）、前置放大（预中放）、声表面波滤波器
（SWAF）；还有 CPU 内的小信号处理电路：图像中放、视频检波、
预视放、高放 AGC 等电路组成。

④ 伴音通道——伴音信号电路。主要包括：伴音功放，还有
CPU 内的小信号处理电路第二伴音中放、鉴频等电路组成。

⑤ 扫描电路——光栅形成及稳定电路。主要包括：场输出、
同步分离、行激励、行输出、高中压形成、枕形校正电路；还有
CPU 内的小信号处理电路：场振荡、场预激励、行振荡、行预激
励等电路组成。

⑥ 解码电路——亮度、色度处理电路。主要包括末级视放电
路等。CPU 内的小信号处理电路较为复杂，在这里不做详细介绍。

除此之外，还有 AV/TV 切换电路、卡拉 OK 电路、显像管附
属电路等。

2.3.2　超级芯片彩电各系统组成主要作用

(1) 开关电源电路

彩色电视机的主电源基本上都是采用开关型电源，主要作用是
把 220V 的交流市电转换成多路直流电压，供给整机使用，来保证
各个单元电路的能源供给。

(2) 超级芯片系统

① 超级芯片：作用之一是为整机提供智能化的各种控制，是
各种开关控制信号与合成电压信号的产生源；之二是为复杂的小信
号各单元电路进行放大、选频、检波、解码及分离等处理。

② 存储器：将 CPU 送来的各种信息进行存储且能长时间地保
存下来。

③ I²C 总线：在 CPU 与被控 IC 或被控器件之间进行双向传输的一种电路。

④ 接口电路：用于将 CPU 输入或输出的各种信号进行合理的匹配连接，使之能可靠正常地工作。

⑤ 本机键盘：可供收看人员在电视机上实现各种功能的操作与调节。

⑥ 遥控发射器：供收看人员在机外一定距离内实现遥控电视机的各种功能操作。

⑦ 遥控接收器：又称遥控接收头，其作用是接收遥控发射器发送的红外遥控信号，并将其解调为功能指令操作码，然后送入微处理器去识别与处理。

（3）公共通道

公共通道的主要信号流程为：天线→调谐器→前置放大（预中放）→声表面波滤波器（SWAF）→【中频放大→AGC、检波→预视放】，其中【 】中的单元电路是在超级芯片中完成的。

① 调谐器：俗称高频头，主要作用是选择电视频道（电台）并将该频道的高频电视信号进行放大，然后经过本机振荡和混频电路，使不同的载波频率变换为固定的中频，最后输出图像中频 38MHz 和伴音中频 31.5MHz 的电视信号（IF）。

② 前置放大：前置放大又称为预中放，是一级对中频放大的电路，主要用来弥补声表面波滤波器插入后带来的损耗。

③ 声表面波滤波器（SWAF）：主要作用是对图像中频信号进行显幅，对伴音中频信号则进行衰减，对相邻频道的图像载频和伴音载频进行抑制。

④ 中频放大：主要作用是放大图像中频信号，仅对伴音中频信号只作极少量的放大，防止声音干扰图像。

⑤ 检波：主要作用之一是调幅的图像中频信号中解调出视频信号，送入预视放电路；之二是将图像中频与伴音中频进行混频差拍，取出 6.5MHz 的第二伴音中频信号，送入伴音电路。

⑥ 预视放：是一个分配电路，把视频信号加以放大后分多路

输出，分别送入到伴音通道、解码电路、同步分离电路等。

⑦ AGC 电路：AGC 是自动增益电路的简称，它包括中放 AGC 和高放 AGC。主要作用是把强弱不同的视频信号，转换成强弱不同的脉冲直流电压，自动去控制电视机高频放大及中频放大的增益，使图像保持清晰稳定。其中，中放 AGC 在超级芯片内部处理，而高放 AGC 在超级芯片内部处理后还要送至调谐器。

（4）伴音通道

伴音通道主要作用是对第二伴音信号进行去载并加以放大，最后驱动喇叭还原出声音。

伴音通道的信号流程为：（预视放→第二伴音中放→鉴频）→伴音功放→喇叭，其中（　）内的单元电路在超级芯片内完成。

① 第二伴音中放：把从预视放送过来的第二伴音中频（6.5MHz）信号进行多级放大。

② 鉴频：完成伴音的调频检波去载，解调出音频信号。

③ 伴音功放：也称伴音低放，对音频信号进行功率放大，使之驱动喇叭发声，播放音频。

（5）扫描电路

扫描电路主要包括同步分离、行扫描、场扫描、高中压产生、枕形校正和显像管附属电路等。其作用是为显像管提供线性良好、幅度足够的锯齿波电流，以及为显像管提供各种电压，保证电子束正常扫描，出现正常的光栅，从而显示良好的三基色图像。

行扫描电路的信号流程：（预视放→同步分离→AFC→行振荡）→行激励→行输出→高中压产生、行偏转线圈→显像管，其中（　）中的单元电路是在超级芯片中完成的。

① 同步分离：把从预视放送来的全电视信号进行分离，分离出行、场复合同步信号，再分别送至行扫描中的 AFC 电路和场振荡电路。

② AFC 电路：AFC 电路是行自动频率控制电路的简称，主要作用是将同步分离电路送来的复合同步信号与本机行输出电路送来的行频锯齿波进行比较，当二者的频率和相位不同时，AFC 电路

输出端产生误差电压，去自动调整行振荡器的频率和相位。

③ 行振荡：产生行频信号，其振荡频率受 AFC 电路产生的误差电压控制。

④ 行激励：将行振荡器产生的信号电压进行放大和整形，作为行输出管的开关信号去控制行输出电路。

⑤ 行输出：受行激励电路送来的信号电压控制，对行频信号进行功率放大，为行偏转线圈提供锯齿波电流，使电子束作水平方向的运动。

⑥ 高中压产生：利用行输出变压器的逆程脉冲电压，通过高压整流、滤波，为显像管提供各种低、中、高电压及视放输出电路的中压等。

⑦ 行偏转线圈：把行频锯齿波电流转换为磁场，依靠磁力的作用，使电子束流作水平方向的运动，从而形成水平光栅。

⑧ 枕形校正：校正因各种原因造成光栅的枕形、桶形畸变，使光栅的线性和幅度保持良好。

场扫描电路的信号流程：（同步分离→场振荡→场激励）→场输出→场偏转线圈→显像管，其中（　）中的单元电路是在超级芯片中完成的。

① 场振荡：产生一个场频锯齿形电压，送给场激励电路且振荡频率受场同步信号电压的控制。

② 场激励：将场振荡器产生的信号电压进行放大和整形，去驱动场输出电路。

③ 场输出：对场频信号进行功率放大，为场偏转线圈提供锯齿波电流，使电子束作垂直方向的运动。

④ 场偏转线圈：把场频锯齿波电流转换为磁场，依靠磁力的作用，使电子束流作垂直方向的运动，从而形成垂直光栅。

（6）解码电路

解码电路包含很复杂的四大部分电路，它由亮度通道、色度通道、副载波恢复电路及解码矩阵电路等组成。其主要作用就是将彩色全电视信号进行解码，得到三个色差信号，最后还原为三基色信号。解码电路绝大部分在超级芯片内完成，因此在这里不多做介绍，只对超级芯片外的矩阵电路（末级视放）加以了解。

末级视放电路是利用电阻矩阵或带通放大器，得到三基色信号电压，去激励彩色显像管，重现彩色图像。

2.3.3 彩色电视机的系列与机芯

由于构成集成电路的集成块型号数不胜数，一台彩色电视机，由几块（几片）集成块组成整机电路来完成遥控、音视频信号的处理，在行业中把这几块集成块组成的特定电路，称为机芯系列。

从整机结构上来说机芯就是电路板（或电路图）的主要构成特点，一般指"主板所采用的芯片方案"，不包括其他部件（电源等），最主要的是所用集成块（芯片）的类别，如国内长虹、康佳、TCL 等组装厂商按自己的喜好打上各自的机芯编号，长虹 CH-16、CH-16A、CH-16D、CH-13，TCL 的 UL11、UL12、UL21、M35 等都是机芯的归类。

系列是超级芯片的派生类型，它是在第一次超级芯片的基础上进行改进、完善、补充新的电路或功能，大部分主要电路没有发生变化。如日本东芝公司生产的 TMPA88×× 系列超级芯片，它的系列有 TMPA8801、TMPA8802、TMPA8803、TMPA8859、TMPA8873 等。

目前，常用的超级芯片有日本东芝公司的 TMPA88×× 系列、日本三洋公司的 LA7693×× 系列、荷兰飞利浦公司的 TDA93×× 系列及德国威科公司的 VCT38×× 系列等。

（1）TMPA88×× 系列超级芯片

TMPA88×× 系列超级芯片由日本东芝公司生产，有 TMPA8801、TMPA8802、TMPA8803、TMPA8807、TMPA8809、TMPA8821、TMPA8823、TMPA8827、TMPA8829、TMPA8853、TMPA8857、TMPA8859、TMPA8873 等型号。

国内彩电生产厂家引进 TMPA88×× 系列超级芯片后，对芯片进行了重新掩膜处理，将内部的空白 ROM 写入了新的控制程序，使得各厂家同一芯片的部分 I/O 端子的引脚功能有所不同。长虹、康佳、TCL 等公司对 TMPA88×× 系列超级芯片重新掩膜处理后，又命名了新的型号。例如，康佳公司的 TMPA8809/TMPA8829 在掩膜后的型号为 CKP1302S，TMPA8803/TMPA8823 在掩膜后的型号为 CKP1303S。长虹公司的 TMPA8803 在掩膜后的型号为 CH08T0601，TMPA8823 在掩膜后的型号为 CH08T0604 或 CH08T0609，TMPA8829 在掩膜后的型号为 CH08T0602 或 CH08T0605，CH08T0607，CH08T0608，CH08T06010。TCL 公司的 TMPA8803 在掩膜后的型号为 13-A8803C-PNP，TMPA8823 在掩膜后的型号为 13-A04V02TOP 或 13-A01V14-TOP、13-TOOS12-03MOO，TMPA8859 在掩膜后的型号为 13-A01V15TOP 或 13-TOOS22-04MOO。海尔等公司对 TMPA88×× 系列超级芯片进行重新掩膜处理后，基本保留了原型号，有的只是型号的开头字母或后缀不同。

（2）LA7693× 系列超级芯片

LA7693× 系列超级芯片由日本三洋公司生产，有 LA7693×× 系列主要有：LA76930、LA76931 和 LA76932 等型号。采用 LA76930 超级芯片的彩电有厦华 MT/TS 机芯系列、TCL 的 Y 机芯系列、创维 6D92 机芯系列和海尔 N29F6H-D 型等；采用 LA76931 超级芯片的次数有康佳 SA 机芯系列、长虹 CN-13 机芯系列、创维 6D91 机芯系列、TCL Y12 机芯系列和海信 USOS 机芯系列等，采用 LA76932 超级芯片的彩电有 TCL Y22 机芯系列和海信 USOS 机芯系列等。

TCL 公司的 LA76930 在掩膜后的型号为 13-WS9301-AOP 或 13-WS9302-AOP，LA76931 在掩膜后的型号为 13-LA7693-17PR，LA76932 在掩膜后的型号为 13-WS9303-AOP 或 13-T00Y22-01M01、13-LA7693-2NPR；康佳公司的 LA76931 在掩膜后的型号为 CKP1504S。海尔和创维等公司对 LA7693× 系列超级芯片进行重新掩膜处理后，基本保留了原型号，有的只是型号的开头字母或后缀不同。

（3）TDA93××系列超级芯片

TDA93××系列超级芯片是飞利浦公司生产的，主要有 TDA9370、TDA9373、TDA9380、TDA9376、TDA9383 等，同类芯片有台湾生产的 OM8370 和 OM8373 等。采用 TDA93××系列超级芯片的彩电有长虹 CH-16 机芯，海尔 UOC 机芯，康佳 SK 系列，K/N 机芯，创维 3P30 机芯、4P30 机芯、4P36 机芯、5P30 机芯、TCL 的 UL11 机芯、UL12 机芯、UL21 机芯、US21 机芯、UOC 机芯，海信 UOC 机芯，东杰 UOC 机芯等。

康佳公司的 TDA9370 在掩膜后型号为 CKP1419S，TDA9373 在掩膜后的型号为 CKP1417S，TDA9380 在掩膜后的型号为 CKP1402SA，TDA9383 在掩膜后的型号为 CKP1403SA。长虹公司的 TDA9370 在掩膜后的型号为 CH05T1602、CH05T1604 和 CH05T1607，TDA9373 在掩膜后的型号为 CH05T1606 和 CH05T1608，TDA9383 在掩膜后的型号为 CH05T1601 和 CH05T1603。TCL 公司的 TDA9370 在掩膜后的型号为 13-A02V02-PHP，TDA9373 在掩膜后的型号为 13-A01V01-PHP，TDA9376 在掩膜后的型号为 13-TDA938-ONP，OM8373 在掩膜后的型号为 13-OM8373-N3P。创维公司的 TDA9370/OM8370 在掩膜后的型号为 4706-D9370-64，4706-D3701-64，4706-D93702-64，4706-D93703-64，4706-D83701-64，4706-D93705-64，4706-D83702-64。

（4）VCT38××系列超级芯片

VCT38××系列超级芯片是德国维科半导体公司生产的，主要有 VCT3801A、VCT3802、VCT3803A、VCT3804、VCT3831A、VCT3834 等型号。

采用 VCT38××系列超级芯片的彩电有康佳 S 系列、创维 3031/5130 机芯、TCL（王牌）29181 和 LG MC-01GA、MC-022A、M35、M35B、M36 机芯等。

为了加深读者的理解，部分电视机机型的系列和机芯如表 2-1 所示。

表 2-1　部分电视机机型的系列和机芯

牌号	系列	超级芯片	机芯	超级芯片掩膜后型号	部分机型
长虹	TMPA-88××	TMPA8803	CN-18A	CH08T0601	SF1498、SF2168E、
		TMPA8823	CN-18EA	CH08T0604、CH08T0609、CH08T06011	PF2118E、PF2191E、SF2118E(M)、SF2191E
		TMPA8829	CN-18ED	CH08T0607	H29D80E、PF2955E
				CH08T0610	HD29988、PF3493E
				CH08T0602、CH08T0608	HD25933、HD29933、SF2918E、SF2591E
	LA76-93××	LA76931	CH-13	CH04T1301（LA769317C-53K0）	SF2166K、H2111K(F00)
				CH04T1302（LA769317M56J0）	SF2129K、SF2133K、SF2166K(F03)
				CH04T1304（LA769317N57M8-E）	2118AE(B)
				CH04T1304（LA769317N57R4-E）	PF21300、SF2528(F03)、PF29118(F31)
				CH04T1302（LA769317M56J0）或 CH04T1306（LA769317N57R4-E）	SF2133K(F25)、SF2128K(F25)、SF2166K(F25)
		LA76933		LA76933	PF2955K
				CH04T1303（LA769337N57N7-E）	PF21300
				CH04T1304（LA769337N57N7-E）	SF2166K、H2111K(F00)
	TDA9-3××	TDA9370	CH-16	CH05T1602、CH05T-1604、CH05T1607	SF2151、SF2199
		TDA9373		CH05T1606	PF2598、SF2998
				CH05T1608	PF2992
		TDA9383		CH05T1601	SF2515、SF2939
				CH05T1603	SF2939、SF2583
		TDA9370-PS-N2	CH-16A	CH05T1602、CH05-T1604、CH05T1607	PF2115、PF2150、SF2139、SF2198
				CH05T1609	PF2163、PF2163(F04)、SF2111、SF2183(F04)
		OM8370PS		CH05T1623	
		TDA9373PS-N2	CH-16D	CH05T1611	SF2511(F06)、SF2583(F05)、PF2588(F6)、SF3411F(FB0)
		TDA9373PS		CH05T1619	
		OM8370PS		CH05T1621	

牌号	系列	超级芯片	机芯	超级芯片掩膜后型号	部分机型
康佳	TMPA-88××	TMPA8803、TMPA8823	SE	CKP1303S	A14SE086、P21SE071、P21SE282
		TMPA8807、TMPA8809		—	P29SE072
		TMPA8809、TMPA8829、TMPA8807、TMPA8827		CKP1302S	P25SE051、P29SE072、P29SE077、P29SE282、P34SE138、T25SE073、T25SE120
	LA76-93××	LA76931	SA	CKP1504S	F21SA326、P21SA282、T14SA073、T21SA390
	TDA-93××	TDA9370	SK	CKP1419S	T21SK026、P21SK177
		TDA9373		CKP1417S	T25SK076、T34SK073、P29SK151
		TDA9380	K/N	CKP1402SA	P2179K、T2176
		TDA9383		CKP1403SA	P2579K、P2961K
	VCT-38××	VCT3801A	S	CKP1603S	P2172S、P2572S、T2973S、T2977S
		VCT3801A、VCT3803A		CKP1402S	P2571S、P2960S、P2971S、P3473S
TCL	TMPA88××	TMPA8809	HiD N21	—	HiD29189PB、HiD34189PB
			HiD N22		HiD25181H、HiD34189H
			HiD NV23		HD29276、HD29A21、HiD29A41HB
		TMPA8802CSN	M123L	01-M123L01-MA1	21185AG
		TMP8801PSN、TMPA8803CSN、TMPA8823CSN	13-A8803C-PNP、13-T00 S12-03M00、13-A01 V02-TOP	S11	AT2127、AT21179G、AT21206、AT21228、AT21211(F)、AT21S179
		TMPA8803CSN、TMPA8823CSN	13-A8803-CPNP、13-T00 S12-03M00、13-A01 V14-TOP	S12	1475、AT21207、AT21266B、NT21A41、NT21A61、NT21B06

边学边修 彩色电视机

牌号	系列	超级芯片	机芯	超级芯片掩膜后型号	部分机型
T C L	TMPA-88××	TMPA8873	—	S13	21FC30G
		TMPA8809CNP、 TMPA8829CPN	13-A01 V10-TOP	S21	25V1、34V1、AT25211、 AT29211、AT29S168
		TMPA8829 CNP21N1、 TMPA8857、 TMPA8859 CSNG	13-PA885 7-PSP、 13-T00S2 2-04M00、 13-A01V1 5-TOP	S22	25B2、AT25211、 AT25288、AT29281、 NT25A51C、 NT25A71、 N25K2、NT29228、 29B1、S29B2
		TMPA8809	—	S23	NT2571A
	LA76-93××	LA76930	Y	13-WS9301-A0P、 13-WS9302-A0P	AT21266/Y、AT2116/Y
		LA76931	Y12	13-LA7693-17PR	21V88
		LA76932	Y22	13-T00Y22-01M01、 13-LA7693-2NPR、 13-WS9303-AOP	AT2516、AT25266/Y、 N25B5、AT29266/Y、 N25B6B、AT34266/Y
	TDA-93××	TDA9370	UL11	13-A02V02-PHP	AT2165、AT2175、 AT21181、AT21286
		TDA9370、 OM8370	UL12	13-TOUL12-01M0、 13-TOUL12-02M0、 13-OM8370-00P	AT2165、AT21211A、 AT21276、AT21289A、 NT21228、NT21A21、 NT21A31、NT21A51、
		TDA9373	UL21	13-A01V01-PHP	AT2516G、AT2527、 AT2975、AT29266
		TDA9373、 OM8373	UL21	13-TOUS-01M00、 13-OM8373-N3P	AT21A11、 NT25A11、AT2960、 AT2916UG(F)、 AT34276(F)
		TDA9376 OM8373	US21	13-TOUS-01M00、 13-OM8373-N3P	AT2565A、AT25286、 AT25289A、AT29286、 NT25A11、NT29128、 NT29A41
		TDA9380	UOL	13-TDA938-0NP	2513U、AT2516UG、 AT2927U、AT3416U
	VCT-38××	VCT3831A	M35、M35B、 M36	—	29181、21288、29189、 21189SLIM

　　从表中可知，虽然一种牌号的机型较多，但一个系列或一个机芯的电路图（或电路板）是大同小异的，了解电视机的系列和机芯对维修和查阅资料能起到事半功倍的效果。在学习过程中，我们只要对某个系列或某个机芯做深入研究和学习，就会触类旁通地维修这种机型，从而能够变通、灵活地运用资料和图纸。

第**3**章

超级芯片彩色电视机的基本工作原理

本章以电视机的系统组成与基本工作原理为主线展开介绍，从维修的角度出发，详细阐述电视机的系统组成、基本工作原理、各单元电路的基本组成和信号控制流程等方面知识，是维修、调试人员必备的基础知识。

3.1 从长虹机型入手来学习

本章为了使初学者能循序渐进的入门学习超级芯片彩电的工作原理，因此，在理论分析电路原理时就采用了长虹 SF2111 机型为经，其他品牌彩电机型为纬，来详细介绍超级芯片彩电的工作原理和流程信号，以使读者能更全面、更细致地深入了解信号的来龙去脉，从而达到举一反三的效果。

长虹 SF2111 机型整机原理图参看附录，整机工作原理方框图如图 3-1 所示。

3.2 电源系统

在彩电中，稳压电源是非常重要的电路部分，它是其他一切电

边学边修彩色电视机

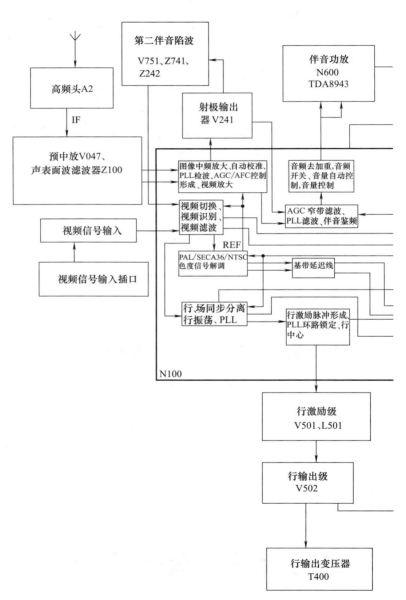

图 3-1　长虹 SF2111

30

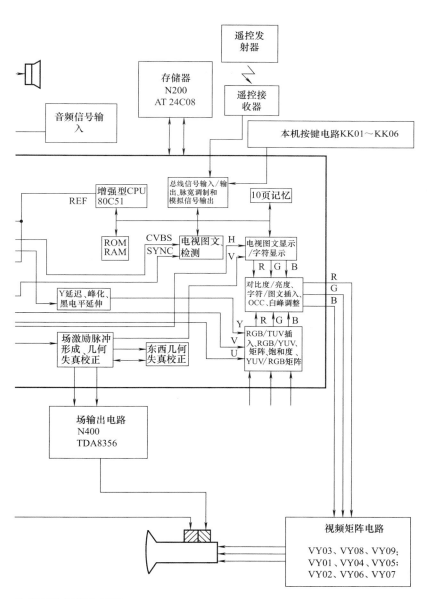

整机工作原理方框图

路能够正常工作的基础，它的性能好坏直接影响到图像和伴音的质量。

3.2.1 电源电路的组成

电源电路是彩电整机的能源供给部件，各单元电路都要在合适的电源供给下才能正常工作。彩电普遍采用开关电源来供电，开关电源按所选用的元器件常有分立式和集成电路式（厚膜式）。

整机电源电路由两部分组成：一是工频 50Hz 的市电经开关稳压电源转换成多组输出直流电压，其中最重要的是供给行输出 $105\sim130\mathrm{V}$ B+电源，这部分电源称为主电源（或开关电源）；二是行输出级产生的行逆程脉冲经行输出变压器变压、整流、滤波，产生低、中、高压，这部分电路称为辅助电源（行电源），为显像管、视放等电路提供各级电压。本章只介绍主电源，辅助电源在行扫描电路中再介绍。开关电源电路的组成方框图如图 3-2 所示。

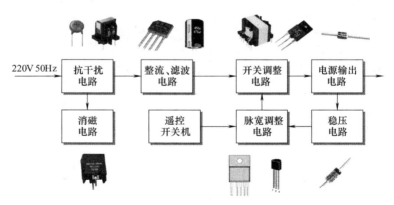

图 3-2　开关电源电路组成方框图

开关电源电路各方框图的作用如下。

抗干扰电路：隔离和消除电视机内外电路的相互干扰信号源及杂波，即防止混入市网电压中的一些工业火花，对电视机构成干扰，同时，也用于防止电视机产生的尖峰脉冲窜入市网电压，对其他视频设备构成干扰。

消磁电路：消除地磁场对荧光屏上荫罩板磁化后出现的色斑现象。

整流、滤波电路：整流是把 220V/50Hz 的交流电转换成脉动（脉冲）直流电；滤波是把整流后的脉动直流电进行平滑，减小纹波系数，得到较为平滑的直流电。

开关调整电路：三极管工作在开关状态下，用以自动调节电源的输出电压，以达到负载所需。

脉宽调整电路：受稳压电路输出的误差电压的控制，输出调节电压，去控制开关管的导通时间，从而实现达到控制电路的正常输出。

稳压电路：无论是电网电压的波动，还是负载的变化，通过稳压电路来自动调节输出电压的稳定度。

电源输出电路：输出多组直流电压，来满足各负载单元电路的实际需要。

遥控开关机：人工遥控开关机后，微处理器（CPU）输出开关机指令，通过本电路来实现待机或开机。但要注意，一部分机型的遥控开关机是设置在行扫描电路中的，是控制行扫描的激励级，使之停止工作，达到待机或开机。

3.2.2 分立式开关电源电路（A3 机芯）工作原理

经济型小屏幕（21 英寸以下）彩色电视机，开关电源常采用三洋 A3 机芯电源，该电源是分立式，以长虹 CH-16 机芯为例，其电路原理图如图 3-3 所示。

电源电路的各功能电路组成及工作原理简述如下。

（1）抗干扰电路

市电经电源插头、插接件 XP501、电源开关 S501（图中没有画出）、延时保险管 F501 后，进入由 C501、L502、C502 组成的抗干扰电路。利用电容和电感的特性来滤除高频干扰信号。

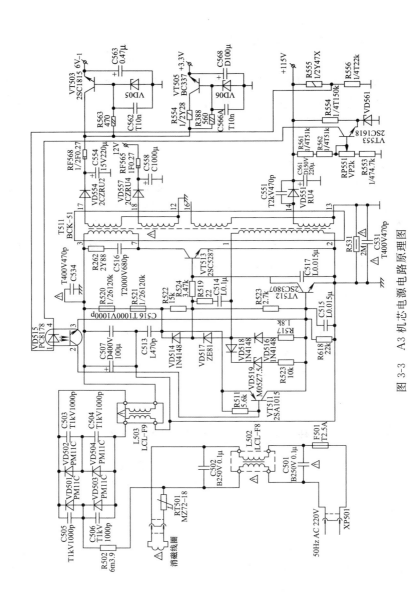

图 3-3 A3 机芯电源电路原理图

（2）消磁电路

显像管中的电子枪射出的电子束流，在通过荫罩孔后，应当准确地打到荧光屏内壁三基色各自的荧光粉点上。但因显像管玻壳周围有其他金属物等，极易受地磁和杂散磁场的一定影响，使电子束在扫描过程中发生偏移，误打到其他相邻的色点上，造成对色度产生严重的干扰，出现不正常的彩色色斑。因此，彩电采用机内自动消磁电路来消除剩磁。

消磁电路由正温度系数的热敏电阻 RT501 和消磁线圈 L 组成。在常温下，RT501 的阻值约为 20Ω，在开机瞬间流过消磁线圈的电流很大，产生强大的瞬间磁场，金属物被磁化，随后，其电阻阻值随着温度的升高而迅速增大，流过消磁线圈的电流也迅速下降，如图 3-4 所示。这种变化电流所产生的磁场，达到了消磁的目的，从而完成了对荫罩的消磁作用。目前，所有的 CRT（射线管）电视机的消磁线圈都安装在显像管的锥体部分，这样每开机一次便可达到消磁一次。

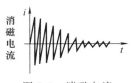

图 3-4　消磁电流

（3）整流、滤波电路

各元件的主要作用：R502 限流电阻；VD501～VD504 桥式整流器；C503～C506 开机浪涌电流抑制电容；L503、C507、C516滤波电路。

当输入电压为交流市电的正半周时，整流二极管 VD501、VD504 因加正向电压而导通，VD502、VD503 因加反向电压而截止；当输入电压为交流市电的负半周时，整流二极管 VD501、VD504 因加反向电压而截止，VD502、VD503 因加正向电压而导通。输入电压在下一个周期时，整流器重复上述过程，轮换导通，从而在整流器的输出端得到了全波脉冲电压。脉冲电压中不可避免地包含有交流成分，为了减小交流分量，L503、C507、C516组成滤波电路，将脉冲直流电变成比较平滑的直流电。

在每次开机瞬间，滤波电容C507充电电流很大，该电流称为浪涌电流，若不加以抑制，该电流将损坏整流器及开关管等；R502串在主电路内，可以抑制开机的浪涌电流，C503～C506可以吸收VD501～VD504反向的尖峰脉冲，起到保护作用。

(4) 开关调整电路

开关电路工作时，一般为供电、启动、自激振荡和稳压输出四个过程，简述如下。

供电就是开关管集电极加电。滤波后的310V直流电压，通过开关变压器T511初级的③-⑦绕组加到开关管VT513的集电极，开关管的发射极接电源的负极上。

启动就是给开关管基极提供偏压。启动电路由R520、R521、R522和R524组成，这些电阻串联后，把310V的直流电压分压后加至开关管的基极，提供开关管工作的启动电流，使开关管启动工作。

自激振荡就是让自由振荡维持下去。当开关管启动导通后，有集电极电流流过开关变压器T511的③-⑦绕组，产生第③脚为正、第⑦脚为负的感应电压。由于变压器的互感作用，在正反馈①-②绕组中产生第①脚为正、第②脚为负的正反馈电压。这个电压经过VD517//（C514、R519）、R524为开关管提供基极电流，使其基极电流增大，集电极电流也随之增大，导致开关管迅速进入饱和导通状态。

开关管进入饱和导通后，C514也不断地被这个电流充电，其两端的电压为上负下正。此时，在开关变压器T511的①-②绕组中感应出一个负电动势，并加到开关管VT513的基极，使VT513基极电压下降，VT513退出饱和状态，进入放大状态，集电极电流继续下降，开关变压器①-②绕组中的负感应电动势进一步增长，又是强烈的正反馈使VT513迅速退出放大状态，进入截止状态，从而完成一个振荡周期。如此反复循环，开关管周而复始地导通（开）、截止（关），使开关电源产生了自激振荡。

开关管饱和时开关变压器③-⑦绕组储存能量，开关管截止时开关变压器向负载释放能量，由此在开关变压器的其他绕组由互感得到多组输出电压。

稳压输出就是让各组输出电压的幅值自动地稳定保持在某一数值的范围内。稳压电路一般由取样电路、基准电路、误差放大电路、光电耦合器、电流放大器和脉宽调整等电路组成，稳压电路的组成方框图如图 3-5 所示。

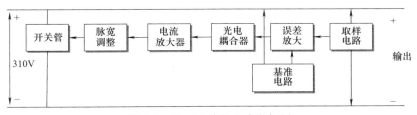

图 3-5   稳压电路的组成方框图

各方框图的主要作用如下。

取样电路：取出主电源输出电压（其他绕组的电压变化规律同主电源成正比）的变化量，反映它的变化情况。主要元件：R561、R562、RP551、R553。

基准电路：利用稳压二极管的稳压特性，提供一个标准电压。主要元件：VD561（6.2V）、R554。

误差放大电路：把取样电路的电压和基准电压在此进行比较。若比较结果无误差，表明输出电压平稳；若比较结果有误差，表明输出电压有波动。然后把这个误差电压经过放大，送到下级去调整光电管，以达到调整输出电压稳定的目的。主要元件：VT553。

光电耦合器：把误差放大电路送来的误差电压转换成光电流的强弱，去控制电流放大管。主要元件：VD515。

电流放大电路：把光电耦合器送来的电流进一步放大，去控制脉宽调整电路。主要元件：VT511、R511。

脉宽调整电路：控制调整开关管的基极电流（分流），以达到控制开关管的开关时间，从而使输出电压满足电路的要求。主要元件：VT512、R523、R618。

稳压原理：当某种原因引起＋B1段输出电压升高时，取样电路电压也随之升高，使比较放大管的基极电位升高（发射极电位因接基准电压而一定），从而使比较放大管的集电极电流随基极电流而增大，导致流过光电耦合器内发光二极管的电流增大，发光度增强，导致 VD515 内的光敏三极管的集电极电流增大，使电阻 R511 上正偏电压增大、集电极电流也增大，从而使 VT512 的集电极电流同样增大，结果 VT512 对开关管的基极分流增大，一连串的反应，促使开关管提前退出饱和导通状态，最终达到输出电压下降的目的。当输出电压降低时，稳压过程正好与此相反。

(5) 保护电路

过压保护电路：过压保护电路由 VD518、VD519、R523、C515 等组成。正常状态下 VD519 截止，当由于某种原因使输出电压过高时，因开关管导通电流上升速度加快，导致①-②绕组正反馈脉冲电压升高，该升高电压经 VD518 整流后超过 7.5V 时，VD518 会立即被过压击穿，击穿电压通过 R523 以大电流对 C515 迅速充电，促使 VT512 加快导通、快速分流，使开关管 VT513 提前截止，主电压严重下跌而使电源转入弱振荡状态，达到输入过压保护的作用。

过流保护电路：过流保护电路由 R524、R523、R618、VT512 等组成。当由于某种原因使 VT513 开关管集电极电流过流时，必然引起 VT513 的基极电流增大，则 R524 两端的压降也增大，经 R523、R618 分压加到 VT512 基极的偏压也增大，促使 VT512 导通加强，VT513 的基极电流被分流，强迫 VT513 导通时间缩短，抑制了集电极电流的增大，从而起到过流保护作用。

(6) 热地、冷地及隔离

在彩电中，因开关电源将 220V 交流电直接整流，由于电源插头可能反插，机内电路板的地线会直接接到相线上，这种与市电相线相连的底板，就称为热底板。工作人员在调试、维修中若无意碰触热底板，就会因与大地构成回路而触电；同样若用示波器等仪器测试彩电时，仪器的接地线会将热地板中的市电对地短路，产生大电流，烧毁机内元器件。因此，为安全起见，开关变压器二次侧的后级电路一般采用冷地，即不带电地，实现热地、冷地的隔离。连在电源热、冷地之间的电容 C531、电阻 R531，用来将冷地板上的高频干扰耦合到热地，而热地与交流电网直接相连中，对高频信号相当于接地，同时也起到了热、冷地板的隔离。同理，光电耦合器 VD515 其重要作用之一就是热、冷地板的隔离。

 注　意

在图 3-4 中，热地用"$\stackrel{\perp}{=}$"表示，冷地用"$\perp$"表示。

(7) 电源输出电路

开关电源的输出，共有四组电压。

＋115V：开关变压器的⑬-⑭绕组脉动电压，经 VD551 整流、C561 滤波，输出＋115V 的直流电压，供给行输出级、行激励级，是开关电源输出的主电压。

＋12V：开关变压器的⑫-⑱绕组脉动电压，经 VD557 整流、C558 滤波，通过限流电阻 RF565，输出＋12V 的直流电压，供给伴音功放输出级电路。

＋6V$_{-1}$：开关变压器的⑫-⑰绕组脉动电压，经 VD554 整流、C554 滤波，通过限流电阻 RF568，分成两路，一路经电子滤波电路（VT503）输出＋6V$_{-1}$的直流电压，供给存储器等电路。电子滤波电路由 VT503、VD05、R563、C562、C523 等组成。

＋3.3V：通过限流电阻 RF568 的另一路，经电子滤波电路（VT505）输出＋3.3V 的直流电压，供给微处理器等电路。电子滤波电路由 VT505、VD06、R554、R588、C566A、C568 等组成。

3.2.3　厚膜开关电源 KA5Q1265RF 工作原理

厚膜开关电源 KA5Q1265RF 工作原理图如图 3-6 所示。

（1）抗干扰电路

抗干扰电路主要由 T802、C803 等组成。220V 交流市电经电源插头、插排、双刀开关、保险管等（以上元件图中没有画出），进入抗干扰电路，隔离和消除电视机内外电路的相互干扰信号源及杂波。

（2）消磁电路

消磁电路由两端消磁电阻 RT802、消磁线圈等组成。220V 交流市电经抗干扰电路后，进入消磁电路，消除剩磁，防止显像管荧光屏磁化后出现色斑。

（3）整流、滤波电路

整流、滤波电路由整流桥 VD801～VD804、C805～C808 等组成。220V 交流市电通过抗干扰电路后，进入整流电路，经整流后变为 300V 左右的脉冲电压，再经 C810 滤波，得到＋310V 左右的直流电压，送至开关调整电路。

（4）开关调整电路

开关调整电路主要由厚膜 N801（KA5Q1265RF）、开关变压器 T803、光电耦合器 N803 等组成，它是一种十分简洁并具有间歇振荡式待机功能的开关稳压电源电路。

电源厚膜 KA5Q1265RF 是 FAIER CHILD 公司开发的开关电源专用功率集成电路，它集成 PWM 控制器、待机低功耗和功率 MOSFET 于一体，内部包括电流模式 PWM 控制器，耐压 650V 的电流检测型功率 MOSFET 欠压锁定，热保护（150℃）及故障状态自动复位电路，提供了完善的保护电路。厚膜 FSCQ1265RT 其各脚功能如表 3-1 所示。

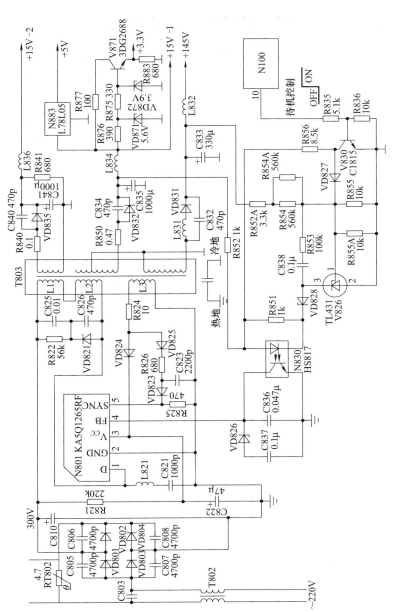

图 3-6 厚膜开关电源 KA5Q1265RF 工作原理图

表 3-1　厚膜 FSCQ1265RT 各脚功能

脚号	符号	各脚功能
1	D	初级侧整流电压输入端。接内部开关管的漏极
2	GAD	地
3	$A_{cc}(V_{cc})$	启动电压输入端
4	FB	反馈输入端
5	SYNC	外同步输入

当开机后，C810 电解电容两端有 310V 脉冲电压时，N801 的①脚通过 T803 的初级绕组也获得 285V 左右的直流电压，同时，N801 的③脚通过 R821 启动电阻、滤波电容 C822 获得 23V 左右的启动电压，因而使 N801 的①、②、③脚内部设置的电源开关管导通，T803 初级绕组中有增长电流通过并产生感应电动势，L3 反馈绕组中也有感应电动势产生，该电动势经 R824 限流、VD824 整流、C822 滤波后形成的直流电压，加到 N801 的③脚，作为 N801 的工作电压取代 R821 提供的启动电压，从而使电源开关管迅速进入饱和导通状态，当开关管饱和导通时，T803 初级绕组中的电流不再增长，但由于电感的固有特性（电流方向不能突变），使反馈绕组中感应电动势的极性突变，VD824 反偏截止，其输出电压为零，使电源开关管退出饱和区并进入截止状态，此后，在 R821 的作用下，又使 N801 内置电源开关管开始导通，周而复始重复上述过程，从而形成自激振荡。当电路振荡后，只要 N801③脚电压不低于 9V，就继续维持振荡状态。

在自激振荡过程中，由 D825 整流、R826 限流、C823 滤波并通过 VD823 加到 N801⑤脚的电压主要用于控制电源开关管的导通与截止时间，但它并不能起到稳定电源输出的作用。

稳定电源输出的控制功能，主要是由 V862 等组成的自动稳压环路来完成。TL431（V862）是一个具有良好热稳定性能的三端可调分流基准源（精密可调稳压管），开关电源稳压反馈通常都使用它，其外形和符号图如图 3-7 所示。

R852A、R854、R854A 及 R855、R855A 构成分压取样电路，主要用来对＋B 电压进行取样，并将取样电压送至 V826（TL431）

(a) 外形

(b) 符号图

图 3-7 TL431 外形和符号图

的①脚（参考端）。

TL431 是稳压环路中的核心元件，它能将输出的＋B 电压稳定在 U_O 上，U_O 的大小由下式决定：$U_O = V_{REF}(1 + R1/R2) = 2.5 \times (1 + R1/R2)$。

上式中，V_{REF} 为 TL431 内部的基准电压，等于 2.5V；$R1$ 表示 R852A、R854、R854A 三只电阻串、并联后的总阻值；$R2$ 表示 R855、R855A 两只电阻并联后的总阻值。若将图中的电阻值代入上式中，可以计算出 $U_O = 145V$。通过改变 $R1$ 和 $R2$ 的比值就可对输出电压的高低进行设计，但它们的阻值一旦确定后，输出电压的高低也就稳定不变。

（5）稳压过程

稳压过程由 V826、N830 及 N801 内部有关电路来完成，稳压取样点设在＋145V（＋B 电压）输出端上。当某种原因引起＋B 电压升高时，经电阻分压后，使 V826 的①脚电压也上升，流入其③脚的电流增大，光电耦合器（N830）中的发光二极管导通增强，发光强度增大，并使光电三极管导通也增强，厚膜元件（N801）④脚电压下降，经内部电路调节后，使开关管饱和时间缩短，开关变压器储能下降，＋B 电压也下降。当某种原因引起＋B 电压下降时，稳压过程正好相反。

（6）待机控制过程

正常工作时，超级芯片 N100 的⑩脚输出高电平（2.4V），V830 饱和导通，VD827 截止，对开关电源不产生影响，开关电源按自身的工作规律工作。在待机状态下，N100 的⑩脚输出低电平，V830 截止，集电极变为高电平，VD827 导通，V826 的①脚电压上升，导致流入③脚的电流增大许多，从而使光电耦合器的导通程度大大增强，进而使 N801 的④脚电压变得极低（0.2V 左右），经内部电路调整后，使开关管的饱和时间大大缩短，+145V 和两路 +15V 电压均下降至正常值的一半。扫描电路及伴音电路均停止工作，整机处于待机状态，但 +5V 和 +3.3V 电压仍不变，以确保在待机状态下，超级芯片部分仍能工作。在待机状态下，电源处于轻载状态，只需满足超级芯片部分的供电要求即可。

（7）保护过程

过流保护：当负载出现短路时，开关管的饱和时间会增长，流过开关管的电流会增大。当电流增大到一定程度时，N801 内部电阻上的电压会高于 1V，从而使内部过流保护短路动作，自动限制了开关管的饱和时间，使开关管不至于受大电流的冲击而损坏。

过压保护：当某种原因（如稳压环路断路）引起输出电压过高时，开关变压器 L3 绕组上脉冲幅度也增高，从而使 N801 的⑤脚电压升高。当⑤脚电压幅度超过 11V 时，内部过压保护电路动作，N801 停止工作。

过热保护：当厚膜元件 KA5Q1265RF 的基板温度超过 150℃时，内部过热电路动作，开关管停止工作。

（8）电源输出电路

开关电源工作后，开关变压器各次级绕组会不断输出脉冲电压，这些脉冲电压经各自的整流、滤波电路处理后，输出 +145V（+B 电压）、+15V-1 及 +15V-2 三路电压，分别给各自负载供电。+15V-1 电压还经 N883 稳压为 +5V 电压，经 V871 和 VD872 组成的稳压电路稳压成 +3.3V 电压，给超级芯片供电。

3.2.4　厚膜开关电源 TDA4605 工作原理

彩电厚膜开关电源芯片有许多，常用的有 TDA4605、TDA16846/7、TDA8133、TEA5170、TEA2260/2261、KA7630 等，厚膜开关电源 TDA4605 工作原理如下，工作原理图如图 3-8 所示。

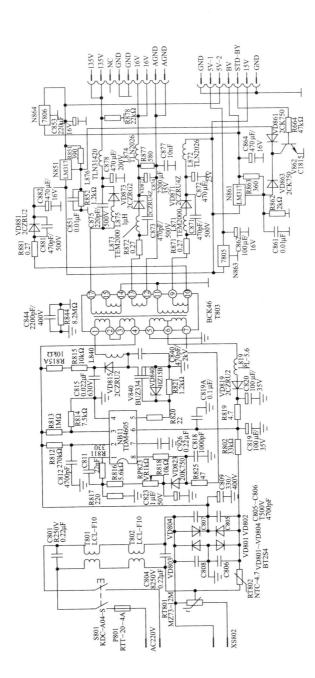

图 3-8 厚膜开关电源 TDA4605 工作原理图

（1）抗干扰、消磁电路

220V市电进入机内后，经保险管 P801、双刀开关 S801、电容 C801、电感 T801、电感 T802 和电容 C804 完成滤除杂波的任务。

抗干扰后的电压一路进入消磁电路，另一路进入整流电路。进入消磁电路的电压经三端消磁电阻 RT801、电阻 RT802、插排 XS802，送至消磁线圈。

（2）整流、滤波电路

整流电路有四个二极管 VD801～VD804 完成，其中电容 C805～C808 为抗高频干扰用来保护整流二极管；电容 C809 为滤波电容。经过整流、滤波后的直流电压约为 110V。

（3）开关振荡过程

TDA4605 芯片引脚功能及参数如表 3-2 所示。

表 3-2　TDA4605 芯片引脚功能及参数

脚号	引脚功能	典型电压/V
1	稳压调整控制输入端	0.4
2	初级电流输入端	1.3
3	初级电压检测端	2.4
4	地	0
5	开关激励脉冲输出端	2.6
6	电源电压输入端（最高电压 20V）	15
7	软启动输入端，外接充电电容	1.4
8	振荡反馈输入端	0.4

整流滤波后的 110V 电压经开关变压器的④-③-②-①绕组、电感 L840 加至场效应开关管 V840 的漏极，以保证开关管供电。

整流滤波后的 110V 电压经电阻 R802 降压，经电容 C819、C819A 滤波形成 15V 左右直流启动电源，加至开关电源模块 N811 的⑥脚，作为启动电压，使 TDA4605 电路启振。

当 N811 的⑥脚电压达到 10.3V 以上时，模块内部的振荡电路开始工作，控制脉冲从 N811 的⑤脚输出，经电阻 R820 加至开关管 V840 的栅极，使 V840 工作在开关状态。

　　工作过程中，开关变压器 T803 的初级绕组①-④中通过的电流变化，由于其互感作用，在其电源模块供电绕组⑤-⑥及稳压取样绕组⑦-⑤中产生感应电动势。在 T803 的⑥脚产生的感应电压由 VD817 整流、C820 滤波、R819 限流后输出 15V 左右电压加至 N811 的⑥脚，作为 N811 的工作电压，正常时这个电压为 15V，这个电压的高低与输出电压高低有关；在 T803 的⑦脚产生的感应电压由 R825 限流、VD823 整流、C823 滤波形成稳压取样电压，经过取样电路送至 N811 的①脚。

　　T803 的次级绕组⑭-⑰感应电压，经整流二极管 VD873 整流、电容 C818 滤波、电感 TLN3142 整流滤波后形成＋135V 的电压作为彩电＋B 主电源电压。

　　T803 的初级绕组⑩脚感应电压经 R881 限流、VD811 整流、C882 滤波形成电压分成四路：第一路直接输出 15V 电压；第二路经 5V 三端稳压器 N863 稳压输出＋5V 电压；第三路经受控可调三端稳压器 N861 稳压输出受控的＋8V 电压；第四路经受控的可调三端稳压器 N851 形成受控的＋5V 电压，同时该＋5V 的受控电压还可以由 15V 电压经过受控三端稳压器 N861 稳压产生的 8V 电压，再经过 5V 三端稳压器 N864 两级稳压后形成。这里的受控＋8V 电压与受控＋5V 电压，是受超级芯片送来的 STD-BY 控制信号，再经过控制管 V862 进行控制，形成对开关电源工作与待机的控制。

（4）稳压电路

　　N811 的①脚为误差放大取样电压输入端，R811、R817、R816、RP823、VD823、R825、C823 和开关脉冲变压器 T803 的⑤脚-⑦脚绕组构成稳压控制电路。当输出电源电压发生变化时，经取样电路送至 N811 的①脚电压也发生变化，通过集成电路内部电路的调节作用，改变控制集成电路 N811 的⑤脚所输出开关脉冲的占空比，从而稳定各路输出工作电压。

　　RP823 为电源电压调整电位器，调节其阻值，就可以改变 N811 的①脚电压的高低，达到调整输出电源工作电压的目的。

(5) 保护短路

① 输出电源过压检测保护电路。N811 的⑥脚内部设计有过压检测电路，当其⑥脚电压大于 18V 时，过压保护电路动作，N811 的⑤脚停止输出开关控制脉冲，开关电源停止工作，无输出电压，起到过压保护电路。

② 过零检测保护。N811 的⑧脚内部电路设计有过零检测电路，T803 的⑦脚输出的感应电压，经过电阻 R825、R818 加至 N811 的⑧脚，若 N811 的⑧脚检测不到开关脉冲输入，或者输入的开关脉冲幅度不足，N811 的⑤脚也将无激励输出。

③ 输入电源过压保护。N811 的②脚经 R812 与 310V 电压相连，当电网电压过高时，此脚的电压也会相应升高。当电压超过 3V 时，集成电路内部的过压保护电路动作，N811 的⑤脚就无激励脉冲输出。

④ 输入电源欠压保护。N811 的③脚为欠压保护检测端，经 R813、R814 分压从 310V 上取得电压。当该脚电压低于 1.8V 时，集成电路内部欠压保护电路动作，N811 的⑤脚就无激励脉冲输出。

(6) 工作与待机控制

彩电正常工作时，超级芯片输出控制电压 STD-BY 为低电平，V862 截止，不影响电源工作电压的输出，受控的＋8V 和＋5V 电源都有输出。

待机时，超级芯片输出控制电压是高电平，V862 饱和导通，受控的＋8V 及＋5V 电压被切断，行扫描电路停止工作。彩电处于待机状态。

3.2.5 长虹 SF2111 机型电源供电电路工作原理框图

长虹 SF2111 机型电源电路属于三洋 A3 机芯，工作原理在这里就不再赘述，现将电源供电电路工作原理框图提供如图 3-9 所示。行输出变压器后级输出的电源一般在行业中称为二次电源或行电源，对这部分不熟悉的初学者，可以先有个大概的概念，其他几个系统学习完后，再回过头来看这部分内容。

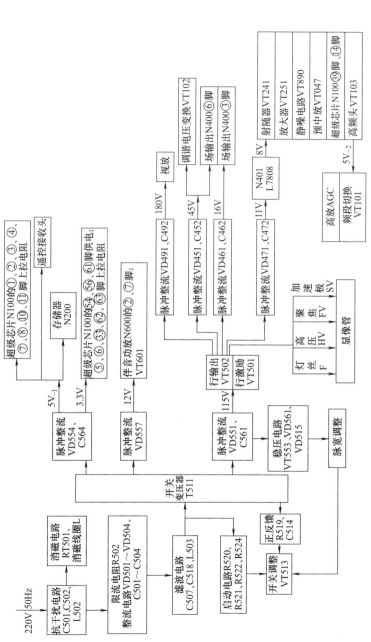

图 3-9　长虹 SF2111 机型电源供电电路工作原理图

3.2.6　电源系统单元电路在机板中的识别

电源电路在机板中的识别主要看：开关变压器、开关管（或厚膜）的散热片、+300V滤波电解电容、整流桥、消磁电阻、抗干扰电感、保险管、光电耦合器等，因为这些元器件外形较特殊或体积较大，容易识别与辨认。电源系统单元电路在机板中的识别如图3-10所示。

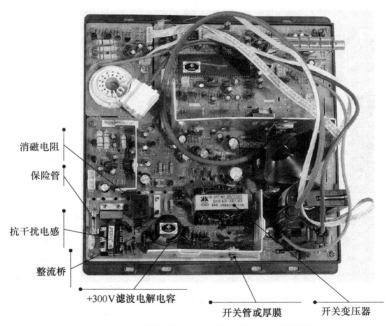

图 3-10　电源系统单元电路在机板中的识别

在维修和检查时，整流输出电压总是由不同规格型号的电解电容滤波，并在其两端形成稳定电压向后级负载供电，因此，各组整流输出的滤波电容两端的电压就是该组的供电电压，而其两端的电阻阻值也就是该组供电负载的匹配电阻。当负载电路出现故障时，其匹配阻值也会发生变化，反映在滤波电容两端的电阻值也会随着变化，进而使其两端的电压发生变化，特别是后级负载出现短路现象，输出电压下跌较大。因此，在选取关键点测量时，各整流或稳压输出的滤波电容的两端电压及其正反向电阻阻值，就显得特别重要。

3.3 超级芯片的功能介绍与应用

3.3.1 TDA93×× 系列超级芯片的功能

TDA93×× 系列是飞利浦公司推出的超级芯片，主要包括TDA9370（OM8370）、TDA9373（OM8373）、TDA9376、TDA9380、TDA9383 等，它们的内部主电路结构都基本相同，只是部分功能有所差异，其中，同类产品 OM8370、OM8373 是台湾地区生产的。

TDA9370（OM8370）、TDA9380 适用于 25 英寸以下、偏转角为 90°的显像管，具有自动音量电平控制功能，而没有水平枕性失真功能；TDA9373（OM8373）、TDA9383 适用于 25 英寸以上、偏转角为 110°的显像管，无自动音量电平控制功能，而设有水平枕性失真功能。

各电视机生产厂家在使用 TDA93×× 系列超级芯片时，均对芯片进行了重新掩膜，使得同一芯片的部分引脚功能有所不同。

在维修行业中，通常把芯片的引脚划分为两大类：自定义引脚和通用引脚。自定义引脚又称可编程引脚，是电视机生产厂家编程后决定的，其余各引脚为通用引脚，也就是说，在系列芯片中通用引脚的功能是不变的，而自定义引脚是不同的。TDA93×× 系列超级芯片的自定义引脚有①～⑧、⑩、⑪、㉜、㉜～㉒脚，其余为通用引脚。TDA9370/TDA9380 超级芯片的内部方框图如图 3-11所示，TDA9373/TDA9383 超级芯片的内部方框图如图 3-12 所示，TDA93×× 系列超级芯片的自定义引脚功能如表 3-3 所示，TDA93×× 系列超级芯片的通用引脚如表 3-4 所示。

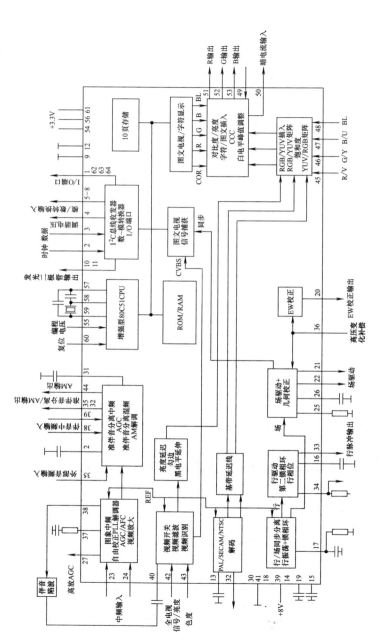

图 3-11 TDA9370/TDA9380 超级芯片的内部方框图

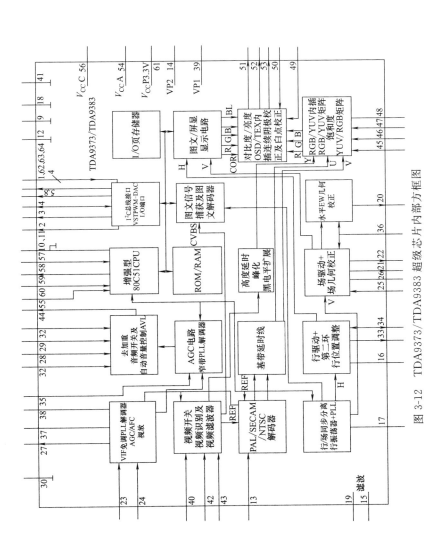

图 3-12 TDA9373/TDA9383 超级芯片内部方框图

53

表 3-3　TDA93××系列超级芯片的自定义引脚功能（部分机型）

脚号	超级芯片型号	自定义引脚功能	机型或机芯
1	TDA9370	FM收音/TV切换	长虹 SF2115、PF2139
		开机/待机	康佳 T21SK076、P29SK061、TCL2165U4
	TDA9373	开机/待机	康佳 T21SK076、P29SK061、TCL2507F
		高频头频段切换控制端1	长虹 SF3489F、SF2515
	TDA9376	开机/待机	TCL AT2565A
	TDA9380	开机/待机	TCL 2999UZ、康佳 T2168SK
		高频头频段切换控制端1	长虹 SF3489F、SF2515
	TDA9383	开机/待机	康佳 T3468K、TCL2913UI
		高频头频段切换控制端1	长虹 SF3489F、SF2515
2	TDA9370、TDA9373、TDA9376、TDA9380、TDA9383	I²C总线时钟信号输出端	不管是什么型号的超级（UOC）芯片，总线控制信号总是从2、3脚输出。
3	TDA9370、TDA9373、TDA9376、TDA9380、TDA9383	I²C总线数据输入/输出端	长虹 SF2115、长虹 PF2139、长虹 SF3489、康佳 T21SK076、TCL-AT21166G
4	TDA9370、TDA9373、TDA9376、TDA9380、TDA9383	调谐电压输出	长虹 SF2998、PF2939、康佳 T3468K、T2168K、TCL-AT25189B、2913UI
	TDA9370、TDA9373	静音控制	康佳 P2968K、T2976K
	TDA9376	AV1控制	TCL-AT2565A
5	TDA9370	键控信号输入/指示灯驱动控制输出	长虹 SF2115、PF2139
		键控信号输入	康佳 T21SK076、P29SK061、TCL-AT21211A
		音量控制	TCL-AT21166G、AT2190U
		NTSC制式滤波	海信 TC2107
		50/60场频切换控制	创维 4P30 机芯
		PAL/NTSC制式切换控制	海信 TC2101D、厦华 TK3416

脚号	超级芯片型号	自定义引脚功能	机型或机芯
5	TDA9373	重低音静音控制	康佳 P29SK061
		S 端子开关信号输入	海信 TC2907H
		键控信号输入	海尔 29F3A-P
		键控信号输入/指示灯驱动控制输出	SF3489F、SF2515
		PAL/NTSC 制式切换控制	厦华 TK3416、TK2935、TCL-AT25211A、AT34187
			海信 TC2507F
		伴音制式选择	创维 5P30 机芯
	TDA9376	制式选择控制	TCL-AT25181、AT2665A
	TDA9380	外接视频信号输入选择	TCL2999UZ、2913UI
		静音控制	康佳 T2168K
		S 端子输入识别	TCL2999UZ
		重低音控制	康佳 P2968K、T2176K
	TDA9383	静音控制	康佳 T3468K
		键控信号输入/指示灯驱动控制输出	长虹 SF3489F、SF2515、SF2998
		外接视频信号输入选择	TCL2999UZ、2913UI
6	TDA9370	键控信号输入	长虹 SF2198、TCL2165U4、康佳 T21SK076
		键控信号输入/指示灯驱动控制输出	康佳 P21SK076
	TDA9373	键控信号输入	康佳 T21SK076、TCL25166G
		制式选择控制	海尔 29F3A-P
		波段切换	SF3489F
	TDA9376	键控信号输入	TCL-AT2565A、AT25181
	TDA9380	键控信号输入	康佳 T2168K、长虹 SF2115、TCL-2926U、3426U
	TDA9383	键控信号输入	TCL-2913UI、康佳 T3468K
		高频头频段切换控制端 2	长虹 SF2998、SF3489F
7	TDA9370	高频头频段切换控制端 1	长虹 SF2198
		频段控制端 1/复位	长虹 SF2115、PF2139
		键控信号输入	康佳 P21SK076
		键控信号输入 2	创维 4P30 机芯
		音量控制	厦华 TK3416
		音量控制 2	创维 4P30 机芯
		A/D 转换控制	TCL-AT21211A、AT2190U、海信 TC2107

脚号	超级芯片型号	自定义引脚功能	机型或机芯
7	TDA9373	静音控制	海信 TC2906H、海尔 29F3A-P
		音量控制	厦华 TK3430、海信 TC2507F
		键控信号输入 2	康佳 P29SK061、创维 5P30 机芯
		A/D 转换控制	TCL-AT25211A、AT34187
		重低音控制	长虹 SF3489F、PF2998
	TDA9376	A/D 转换控制	TCL-AT2565、AT25189B
	TDA9380	YUV/S 端子输入控制	TCL-2926U、3426U
		音效控制	康佳 T2168K
		重低音控制	长虹 SF3489F、PF2998
		键控信号输入 2	康佳 P2968K、T2976K
		音响/AV/TV 选择控制	TCL-2999UZ、2913UI
	TDA9383	音效控制	康佳 T3468K
		音量控制 1	长虹 PF2939
		YUV/S 端子输入控制	TCL-2913 UI
		重低音控制	长虹 PF2998
		键控信号输入 2	康佳 P2968K、T2976K
8	TDA9370	音量控制	创维 4P30 机芯
		音量控制 2	海信 TC2107
		静音控制	厦华 TK3416
		高频头频段切换控制 2	长虹 SF2115、PF2139
		地磁校正信号输出	康佳 P21SK076
		伴音制式切换控制	TCL-AT21211A、AT21276
	TDA9373	未用，接地	海尔 29F3A-P
		地磁校正信号输出	TCL-AT25166G、AT25189B
		静音控制	厦华 TK3430、海信 TC2507F
		A/D 转换控制	创维 5P30 机芯
		音量控制	长虹 SF2598、PF2998
	TDA9376	音量控制	TCL-AT2565A
		扫描速度调制	TCL-AT25181
	TDA9380	PAL/NTSC 制式切换控制	长虹 SF2551、TCL-2926U
		50/60 场频切换控制	TCL-2913UI
		地磁校正信号输出	康佳 T2168K
	TDA9383	地磁校正信号输出	康佳 T3468K
		50/60 场频切换控制	TCL-2913UI
		音量控制	长虹 SF2998
		音量控制 2	长虹 PF2939

脚号	超级芯片型号	自定义引脚功能	机型或机芯
10	TDA9370	未用,空脚	康佳 P21SK076
		低音提升开关控制	长虹 SF2115、SF2198
		高频头频段切换控制 1	康佳 T21SK076、TCL-2165U4
	TDA9373	未用,空脚	康佳 P29SK061
		高频头频段切换控制 1	海信 TC2507F、海尔 29F3A-P
		待机指示灯/行激励脉冲控制	TCL-AT25189B、海信 TC2906H
		消磁控制开关	海信 TC2906H
	TDA9376	待机指示灯/行激励脉冲控制	TCL-AT25181、AT25189B
	TDA9380	静音控制	TCL-2926U、3426U
		开/待机控制	长虹 SF2598、PF2998
		高频头频段切换控制 2	康佳 T2168K
		重低音控制	TCL-2999UZ
	TDA9383	静音控制	TCL-2913UI
		开/待机控制	长虹 PF2939、SF2998
		高频头频段切换控制 1	康佳 T3468K
11	TDA9370	未用,空脚	康佳 P21SK076
		高频头频段切换控制 2	康佳 T21SK076、TCL-2165U4
		伴音制式切换控制	长虹 SF2115、PF2139
	TDA9373	未用,空脚	康佳 P29SK061
		高频头频段切换控制	TCL-AT25189B
		消磁控制	海信 TF2907H
		D/K、M 制控制	长虹 SF2598、PF2998
	TDA9376	待机指示灯/行激励脉冲控制	TCL-AT25189B、AT2565A
	TDA9380	高频头频段切换控制	TCL-2999UZ、TCL-3426U
		高频头频段切换控制 2	康佳 T2168K
		D/K、M 制控制	长虹 SF2598、PF2998
	TDA9383	高频头频段切换控制	TCL-2913UI
		高频头频段切换控制 2	康佳 T3468K
		伴音制式切换控制	长虹 PF2939
		D/K、M 制控制	长虹 SF2598、PF2998

左侧竖排标题：边学边修 彩色电视机

脚号	超级芯片型号	自定义引脚功能	机型或机芯
32	TDA9370	未用	TCL-AT21211A、AT21276
		自动音量电平控制	
		伴音中频信号输入	长虹 SF2115、SF2139、康佳 P21SK076
		自动音量电平控制/彩色副载波输出	创维 4P30 机芯
		彩色副载波输出	TCL-2165U4
	TDA9373	未用,空脚	TCL-AT25189B
		伴音中频信号输入	康佳 P29SK061
		自动音量电平控制	海尔 29F3A-P、海信 TC2507F
		彩色副载波输出	海信 TF2907H
	TDA9376	未用,空脚	TCL-AT2565A
	TDA9380	自动音量调整滤波	TCL-2999UZ、TCL-3426U
		自动音量电平控制/伴音中频信号输入	TCL-2999UZ、2913UI、康佳 T2168K
	TDA9383	自动音量电平控制/伴音中频信号输入	TCL-2999UZ、2913UI、康佳 T3468K
		伴音中频信号输入	TCL-2999UZ、2913UI
62	TDA9370	静音控制	长虹 SF2115、SF2139、康佳 T21SK076
		遥控信号输入	康佳 P21SK076
		AV1 信号控制	海信 TC2107
		TV/AV 信号切换控制	TCL-2165U4
	TDA9373	AV1 信号控制	TCL-AT25189B
		AV1/AV2 信号切换控制	海尔 29F3A-P
		TV/AV 信号切换控制	海信 TF2907H
		音效控制	创维 5P30 机芯
		遥控信号输入	康佳 P29SK061
	TDA9376	AV1 信号控制	TCL-AT25181
		场输出保护信号输入	TCL-AT2565A
	TDA9380	AV1 信号控制	TCL-2999UZ
		遥控信号输入	康佳 T2168K、TCL-2926U
	TDA9383	AV1 信号控制	长虹 PF2939、TCL-2913UI
		遥控信号输入	康佳 T3468K

脚号	超级芯片型号	自定义引脚功能	机型或机芯
63	TDA9370	未用,空脚	康佳 P21SK076
		行工作状态控制	长虹 SF2115、SF2151
		开/待机控制	长虹 SF2198
		待机指示灯/行激励脉冲控制	TCL-2165U4
		AV2 信号控制	海信 TC2107
		音效控制	
	TDA9373	静音控制	创维 5P30 机芯
		功能扩展片选控制	海信 TF2907H
		AV1 信号控制	康佳 P29SK061
		AV2 信号控制	TCL-AT25189B、海信 TC2507F
		AV/SVHS(S 端子)信号切换控制	海尔 29F3A-P
	TDA9376	AV2 信号控制	TCL-AT2565A、AT25181
	TDA9380	AV1 信号控制	TCL-2926U、康佳 T2168K
		AV2 信号控制	康佳 P2968K、T2176K、TCL-2999U、2913UI
		AV/TV 控制	长虹 SF3489F、PF2998
	TDA9383	AV/TV 控制	长虹 SF3489F、PF2998
		AV1 信号控制	康佳 T3468K
		AV2 信号控制	长虹 PF2939、TCL-2913UI
64	TDA9370	未用,空脚	康佳 P21SK076
		遥控信号输入	长虹 SF2115、PF2139、康佳 T21SK076、TCL-AT21166G
	TDA9373	遥控信号输入	长虹 SF3489F、康佳 T21SK076、TCL-AT25189B
		AV2 信号控制	康佳 P29SK061
	TDA9376	遥控信号输入	TCL-AT2665A、AT25189B
	TDA9380	遥控信号输入	长虹 SF3489F
		AV2 信号控制	TCL-2926U、康佳 T2168K
		AV1 切换	康佳 P2968K、T2976K
	TDA9383	遥控信号输入	长虹 PF2939、TCL-2913UI
		AV2 信号控制	康佳 T3458K

表 3-4　TDA93××系列超级芯片的通用引脚 3

引脚号	各脚功能	引脚号	各脚功能
9	数字电路接地端	37	中频锁相环滤波端
12	模拟电路接地	38	中频信号输出端
13	锁相环滤波器	39	(8V)电源端
14	(8V)电源端	40	CVBS 视频信号输入端
15	数字电路电源滤波端	41	接地端
16	鉴相器滤波端 2	42	外部 CVBS/Y 信号输入端
17	鉴相器滤波端 1	43	色度信号输入端
18	接地端 3	44	音频信号输出端
19	带隙滤波端	45	RGB/YUV 信号控制输入端
20	水平枕形失真校正输出端	46	红基色/V 信号输入端
21	场激励信号输出端 B	47	绿基色/Y 信号输入端
22	场激励信号输出端 A	48	蓝基色/U 信号输入端
23	中频信号输入端 1	49	束电流限制/场保护输入端
24	中频信号输入端 2	50	消隐电流输入端
25	基准电流输入端	51	红基色信号输出端
26	场锯齿波形成端	52	绿基色信号输出端
27	高频 AGC 电压输出端	53	绿基色信号输出端
28	伴音去加重滤波端	54	(3.3V)图像解调控制电路及 TV 数字电路电源端
29	伴音解调退耦滤波端	55	接地端
30	接地端 2	56	(3.3 V)芯片数字电路电源端
31	伴音锁相环滤波端	57	接地端
33	行激励脉冲信号输出端	58	时钟振荡信号输入端
34	行反峰脉冲输入/沙堡脉冲信号输出端	59	时钟振荡信号输出端
35	外部音频信号输入端	60	复位输入端
36	超高压保护输入端	61	(3.3 V)控制系统数字电路电源端

3.3.2　TDA93××芯片在 TCL 彩电中的应用

TCL 彩电中使用 TDA93××系列超级芯片的有 UL11、UL12、UL21、US21 及 UOC 机芯。

TDA93XX（或 OM8373）芯片在 TCL2565A 机型中的应用电路图如图 3-13 所示，OM8373 芯片各脚符号及功能如表 3-5 所示。

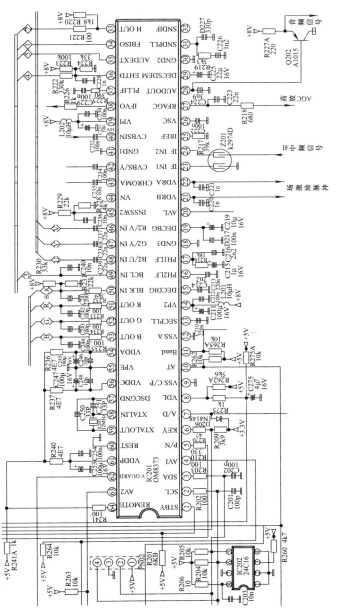

图 3-13 OM8373 芯片在 TCL2565A 机型中的应用电路图

表 3-5　OM8373 芯片各脚符号及功能

脚号	引脚名称	引脚功能	脚号	引脚名称	引脚功能
1	STBY	开机/待机控制端	33	H　OUT	行激励脉冲输出端
2	SCL	总线时钟输出端	34	FBISO	行反峰输入/沙堡脉冲输出端
3	SDA	总线数据输入/输出端			
4	AV1	AV1 切换	35	AUD EXT	外部 AV 输入（音频）
5	P/N	开机/待机指示灯控制	36	EHTO	高压校正/过电压保护输入端
6	KEK	面板键入信号输入按键，完成菜单、音量、频道、待机等控制	37	PLLIF	中频锁相环滤波
			38	IF　VO	全电视信号（图像中频）输出端
7	A/D	A/D 转换控制端			
8	VOL	音量控制	39	VP1	+8V 供电
9	VSS C/P	接地	40	CVBS IN	TV 视频输入
10	AT	收音与电视控制	41	GND1	接地
11	BAND	频段切换控制端	42	CVBS/Y	AV 或 S 端子 Y 输入
12	VSS A	接地	43	CHROMN	S 端子 C（色度）信号输入
13	SEC PLL	SECAM 制锁相环滤波	44	VM	音频信号输出端
14	VP2	+8V 供电端	45	INSSW2	YUV/RGB 识别开关
15	DECDIG	数字电路电源退耦	46	R2/V IN	外接红基色/Y 信号输入
16	PH2LF	行 AFC2 滤波端	47	G2/Y IN	外接绿基色/Y 信号输入
17	PH1LF	行 AFC1 滤波端	48	B2/U IN	外接蓝基色/Y 信号输入
18	GND3	接地	49	BCL　IN	束电流检测/场保护输入端
19	DECBG	带隙退耦滤波			
20	AVL	枕形（东西几何）失真校正输出	50	BLK　IN	消隐电流输入端
			51	R　OUT	R（红基色）输出
21	VDRB	负极场锯齿波输出	52	G　OUT	G（绿基色）输出
22	VDRA	正极场锯齿波输出	53	B　OUT	B（蓝基色）输出
23	IF IN1	中频信号输入 1	54	VDDA	TV 数字电路供电
24	IF IN2	中频信号输入 2	55	VPE	接地
25	IREF	场参考电压（基准电流）设置	56	VDDC	微处理器供电
			57	OSC　GND	字符电路接地
26	VSC	场锯齿波形成端	58	XTAL IN	时钟振荡输入
27	RF AGC	射频 AGC 控制电压输出端	59	XTAL OUT	时钟振荡输出
28	AUD OUT	音频输出	60	REST	复位
29	DECSD EM	伴音解调耦合滤波端	61	VDDP	数字电路供电
30	GND2	接地端	62	GUARD	
31	SNDPLL	伴音 PLL（锁相环）滤波	63	AV2	AV2 切换
32	SNDIF	伴音中频输入端	64	REMOTE	遥控信号输入

OM8373 芯片工作原理如下：

(1) 微处理器系统

微处理器的工作条件：①供电电路，超级芯片的⑭、㊴、㊺、(61)脚为电源正极供电（正常为+8V），⑨、⑫、⑱、㉚、㊶、(55)、(57)脚为电源地，⑮、⑲脚为电源滤波；②复位电路，(60)脚为复位端，低电平有效；③时钟晶振电路，(58)、(59)脚为外接时钟晶振，其频率为 12MHz，在芯片内产生 12MHz 脉冲，此脉冲信号除了微处理器正常工作时钟信号，还作为图像中频、色度信号、行脉冲形成电路的锁相信号；④总线电路，②、③脚分别为 SCL、SDA I^2C 总线输出、输入脚，与存储器 IC202（24C18）的⑤、⑥脚相连，实现微处理器与存储器之间的数据交换。

①脚为待机/开机控制。通过输出高/低电平控制三极管 Q843、Q846 和光耦 IC802，使开关电源输出待机电压 65V 和开机电压 135V。⑤脚为待机/开机指示灯控制。⑥脚为键盘控制，(64)脚为遥控信号输入端，通过内部译码执行相应功能。⑦脚为伴音制式切换，⑩脚为收音/电视控制（低电平为 TV，高电平为收音），通过 Q917 控制行激励电路。⑪脚为电视频段切换控制，④、(63)脚组合电平对 AV1、AV2 及 Y、U、V 分量的视频或亮度信号进行切换。

(2) 中频处理电路

高频头输出的 IF 信号，经预中放及声表面波滤波后，从㉓、㉔脚输入，在内部中频放大、PLL 视频解调、中频 AGC 处理后，从㊳脚输出 CVBS（全电视）信号，经 Q206、Q205 放大后（Q206、Q205 图中未画）分成两路：一路陷波选出视频信号送至㊵脚，进一步处理；另一路经高通滤波选出视频信号送至外输出电路。

(3) 伴音处理电路

伴音信号在芯片内（从芯片内部取得），经限幅放大、解调、去加重处理后，与㉟脚送入的 AV 音频切换，从㉘脚输出经 Q202（图中未画）放大后，分别送至功放与外输出电路。㉛脚外接伴音锁相环滤波元件。⑧脚输出音量控制信号，控制伴音功放的放大增益。

（4）亮、色处理电路

⑩脚输入 TV 信号，㉔脚输入 S 端子 Y 信号。㉔脚输入的 Y、U、V 分量中的 Y 信号，在内置视频开关的选择下，选出相应视频信号：一路送至同步分离电路，第二路经陷波取出 Y 信号；另一路经色选通取出色度信号。亮度信号经放大、自动色度控制后送至色解码电路，解调出 R-Y、B-Y 信号。色解调副载波由㉘、㉙脚晶振脉冲分频所得。R-Y、B-Y 信号经芯片内一行基带延迟与㉖、㉘脚送入 U、V 分量进行切换选择。选择后的色差信号送至矩阵电路解出 G-Y 信号。最后三色差信号与 Y 信号一起在矩阵电路内恢复 R、G、B 三基色信号分别从㉑、㉒、㉓脚输出，送至视放末级。

（5）行、场扫描电路

在芯片内部，复合视频或 Y 信号经同步分离得到复合同步信号，此信号一路送至 AFC1 滤波元件。经校正的行频送至 AFC2，与㉞脚送入的行逆程脉冲比较来调整行中心，比较电压由⑯脚外接电容 C214 将误差电流转变形成，行脉冲由㉝脚输出。复合同步信号分离出场同步信号，分频后触发场锯齿波形成电路，㉖脚外接锯齿波形成电容 C222，㉕脚为场基准电压设置。场锯齿波在 I^2C 总线控制下变成抛物波，对图像进行失真校正。

3.3.3　LA7693X 系列超级芯片的功能

LA76931 超级芯片在长虹 CH-13 机芯的功能如表 3-6 所示。

表 3-6　LA76931 超级芯片在长虹 CH-13 机芯的功能

脚号	引脚名称	引脚功能	脚号	引脚名称	引脚功能
1	SIF OUTPUT	伴音中频信号输出端	5	FM OUT	调频输出端
2	IF AGC	中频自动增益控制	6	AUDIO OUT	伴音音频输出端
3	SIF INPUT	伴音中频信号输入端	7	SND APC	音频自动相位控制滤波端
4	FM FIL	调频滤波端	8	IF V_{CC}	中频电路电源端

脚号	引脚名称	引脚功能	脚号	引脚名称	引脚功能
9	AUDIO IN	音频信号输入端	37	BAND2	高频头频段切换控制端2
10	ABL	自动亮度限制	38	KEY2	键控信号输入端2
11	RGB V_{CC}	RGB 电路电源端	39	KEY1	键控信号输入端1
12	R OUT	红基色信号输出端	40	RESET	复位输入端
13	G OUT	绿基色信号输出端	41	FILT	OSD 滤波器
14	B UOT	蓝基色信号输出端	42	CPU GND	CPU 接地端
15	AKB	AKB 信号输入端（未用，接地）	43	CDD V_{CC}	色延迟线电源端
			44	FBP INPUT	行逆程脉冲输入端
16	V RAMP	场锯齿波形成端	45	YC-C	S 端子色度信号输入端
17	V OUT	场锯齿波信号输出端	46	YC-Y	S 端子亮度信号输入端
18	REF	行频率校正基准电流端	47	C-APCS ENS	色度自动相位控制滤波端
19	H/BUS VCC	行/总线电源端	48	DVD-Y	DVD 亮度信号输入端
20	AFCFIL	行 AFC 滤波端	49	CbIN	Cb 色差分量输入端
21	HDB OUT	行激励脉冲输出端	50	XTAL	外接 4.43MHz 晶振
22	VGDGND	视频、色度、偏转接地端	51	CrIN	Cr 色差分量输入端
23	A1	AV 切换控制信号输出端1	52	VIDEO UOT	屏幕视频信号输出端
24	A2	AV 切换控制信号输出端2	53	CAPC	色度自动相位控制滤波端
			54	EXTV/YIN	外部视频信号输入端
25	SIFSEL	N 制伴音切换控制端	55	CCD VCC	CCD 电路电源端
26	REMOTE	遥控信号输入端	56	INTV/CIN	内部视频信号/色度信号输入端
27	VOL	伴音音量控制端			
28	POWER	待机控制输出端	57	BLKEVEL	黑电平延伸滤波端
29	TNER	调谐电压控制输出端	58	PIF APC	锁相环回路自动相位控制滤波端
30	MUTE	静音控制端			
31	SDA	总线数据输入/输出端	59	AFT OUT	自动频率跟踪控制端
32	SCL	总线时钟输出端	60	VIDEO OUT	视频信号输出端
33	XT1	时钟振荡器1			
34	XT2	时钟振荡器2	61	RF AGC	高放 AGC 输出端
35	V_{DD}	主电源端	62	IF GND	中频电路接地端
36	BAND1	高频头频段切换控制端1	63	IF IN1	图像中频信号输入端1
			64	IF IN2	图像中频信号输入端2

LA7693X 系列超级芯片的㉓～㉚脚、㊱～㊴脚为可编程引脚，

其余各引脚为通用引脚。表 3-7 为 LA7693X 系列超级芯片的可编程引脚功能，表 3-8 为 LA7693X 系列超级芯片的通用引脚功能。

表 3-7　LA7693X 系列超级芯片的可编程引脚功能

引脚	超级芯片	功能	机芯或机型
23	LA76930	X 射线过量保护端	厦华 MT 机芯
		水平枕形校正/场幅度调整端	创维 6D92 机芯
		TV/AV 切换控制端	TCL-AT21226Y
	LA76931	空脚,未用	康佳 SA 系列、长虹 SF2129K
		静音控制端	海信 TC2111CH
		水平枕形校正/场幅度调整端	创维 6D91 机芯
		TV/AV 切换控制端	TCL Y12 机芯
		AV 切换控制输出端	长虹 CN-13 机芯
	LA76932	TV/AV 切换控制输出端 1	TCL Y22 机芯
24	LA76930	遥控信号输入端	创维 6D92 机芯
		S 端子输入识别端	厦华 MT 机芯
		AV1/AV2 切换控制端	TCL-AT21266Y
	LA76931	空脚,未用	长虹 SF2129K
		遥控信号输入端	创维 6D91 机芯
		AV1/AV2 切换控制端	TCL Y12 机芯
		AV 切换控制端输出端	长虹 CN-13 机芯
	LA76932	AV1/AV2 切换控制端输出端 2	TCL Y22 机芯
25	LA76930	高频头频段切换控制端	TCL-AT21266Y
		DVD 输入识别端	厦华 NT 机芯
		静音控制端	创维 6D92 机芯
	LA76931	AV/TV 切换控制输出端	海信 TC2111CH
		S 端子开关信号输入端	康佳 SA 系列
		场频 50/60Hz 识别输出端	TCL Y12 机芯
	LA76932	场频 50/60Hz 识别输出端	TCL Y22 机芯
26	LA76930,LA76932	遥控信号输入端	长虹 CN-13 机芯、TCL Y12/Y22 机芯
	LA76930	行相位/行幅度调整	创维 6D91/6D92 机芯
27	LA76930	开机/待机控制端	创维 6D92P 机芯
		AV1/AV2 切换控制端	厦华 MT 机芯
		高频头频段切换控制端	TCL-AT21266Y
	LA76931	开机/待机控制端	创维 6D91P 机芯
		AV 控制端 2	康佳 SA 系列

引脚	超级芯片	功能	机芯或机型
27	LA76931	左色度音量控制端	海信 TC2111CH
		音量控制输出端	长虹 SF2129K
		高频头频段切换控制端	TCL V12 机芯
	LA76932	高频头频段切换控制端	TCL Y12 机芯
28	LA76930	图像模式选择控制端	创维 6D92 机芯
		开机/待机控制端	TCL-AT21266Y
	LA76931	图像模式选择控制端	创维 6D91 机芯
		开机/待机控制端	TCL-2185
		右声道音量控制端	海信 TC2111CH
		AV 控制端 2	康佳 Y21SA120
	LA76932	开机/待机控制端	TCL-AT2916
29	LA76930	调谐电压输出端	TCL-AT21266Y
		光栅倾斜失真校正控制端	创维 6D92 机芯
	LA76931	调谐电压输出端	TCL-2185 长虹 SF2129K
		光栅倾斜失真校正控制端	创维 6D91 机芯
		外部音频信号输入开关控制端	康佳 Y21SA120
	LA76932	调谐电压输出端	TCL-AT2916Y
30	LA76930	静音控制端	TCL-AT21266Y
		DVD/S 端子输入识别端	创维 6D92 机芯
	LA76931	静音控制端	TCL-2185
		开机/待机控制端	海信 TC2111CH
		DVD/S 端子输入识别端	创维 6D91 机芯
	LA76932	静音控制端	TCL-AT2916Y
36	LA76930	键控信号输入端	TCL-AT2916Y
		PAL/NTSC 制式切换控制端	创维 6D92 机芯
		高频头频段切换控制端 1	厦华 MT 机芯
	LA76931	键控信号输入端	TCL-2185
		PAL/NTSC 制式切换控制端	创维 6D91 机芯
		开机/待机控制端	康佳 Y21SA120
		总线时钟输出端 2	长虹 SF2129K
	LA76932	键控信号输入端	TCL-AT2916Y
37	LA76930	AV/TV 信号切换控制端	创维 6D92 机芯
		高频头频段切换控制端 2	厦华 MT 机芯
		S 端子 Y 信号输入、场频识别信号输出端	TCL-AT1266Y
	LA76931	高频头频段切换控制端 1	海信 TC2111CH

引脚	超级芯片	功能	机芯或机型
37	LA76931	总线数据输入/输出端 2	长虹 SF2129K
		总线时钟输出端 2	创维 6D92 机芯
		PAL/NTSC 制式切换控制端	康佳 Y21SA20
		S 端子开关信号输入端	TCL-2185
	LA76932	S 端子开关信号输入端	TCL-AT2916Y
38	LA76930	AV1/AV2 信号切换控制端	创维 6D92 机芯
		AV/TV 信号切换控制端	厦华 MT 机芯
		外部音频信号输入端	TCL-AT21266Y
	LA76931	高频头频段切换控制端 2	海信 TC2111CH
		总线数据输入/输出端 2	创维 6D91 机芯
		键控信号输入端 2	长虹 SF2129K
		AGC 控制信号输入端	康佳 Y21SA120
		A/D 转换控制端	TCL-2185
	LA76932	外部音频信号输入端	TCL-AT2916Y
39	LA76930	键控信号输入端	创维 6D92 机芯
		场扫描保护信号输入端	TCL-AT21266Y
	LA76931	键控信号输入端	创维 6D91 机芯
		场扫描保护信号输入端	TCL-2185
		未使用	海信 TC2111CH
		键控信号输入端 1	长虹 SF2129K
	LA76932	开关电源输出电压锅电压保护信号输入端	TCL-AT2916Y
		场扫描保护信号输入端	TCL-AT34266Y

表 3-8　LA7693X 系列超级芯片的通用引脚功能

引脚	功　　能	引脚	功　　能
1	伴音中频信号输出端	9	音频信号输入端
2	中频自动增益控制端	10	ABL 自动亮度限制端
3	伴音中频信号输入端	11	RGB 电路电源端(8V)
4	调频滤波端	12	红基色信号输出端
5	调频信号输出端	13	绿基色信号输出端
6	伴音音频输出端	14	蓝基色信号输出端
7	伴音音频输出端	15	接地端
8	中频电路电源端(5V)	16	场锯齿波形成端

引脚	功　　能	引脚	功　　能
17	场锯齿波输出端	47	色度自动相位控制滤波端
18	行频率校正参考信号端	48	隔行色差信号中的亮度信号输入端
19	行/总线电路电源端(5V)	49	外部 Cb 信号输入端
20	行 AFCXH 输出端	50	4.43MHz 晶体振荡输入端
21	行激励信号输出端	51	外部 cr 信号输入端
22	图像/色度/扫描/总线电路接地端	52	视频信号输出端
31	总线数据输入/输出端 1	53	色度自动相位控制滤波端
32	总线时钟输出端 1	54	外部视频信号输入端
33	时钟振荡信号输入端	55	视频/色度/扫描电路电源端
34	时钟振荡信号输出端	56	内部视频信号输入端
35	电源端(5V)	57	黑电平延伸滤波器
40	复位信号输入端	58	锁相环回路自动频率控制滤波端
41	锁相环滤波端	59	自动频率控制信号输出端
42	接地端	60	内部视频信号输出端
43	电源端	62	中频电路接地端
44	行逆程脉冲信号输入端	63	中频信号输入端 1
45	S 端子色度信号输入端	64	中频信号输入端 2
46	亮度信号输入端	61	射频 AGC 输出端

3.3.4　LA7693X 超级芯片在长虹彩电中的应用

LA7693X 超级芯片在长虹彩电中的应用电路图如图 3-14 所示。

3.3.5　超级芯片在机板上的识别

超级芯片在机板中的识别比较容易辨认，因为它是在机板中集成电路（集成块）体积最大的一个，超级芯片电路在机板中的识别如图 3-15 所示。

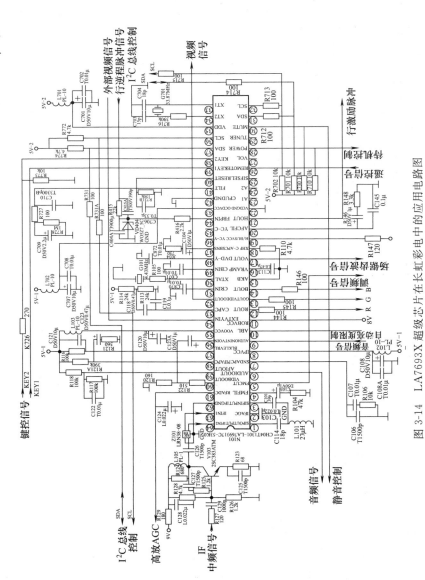

图 3-14 LA7693X 超级芯片在长虹彩电中的应用电路图

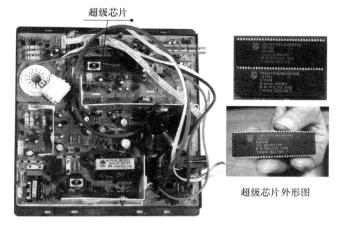

超级芯片外形图

图 3-15　超级芯片电路在机板中的识别

3.3.6　总线系统

在 TDA9370 超级芯片彩电中，I^2C 总线主要包含在芯片的内部，它主要与 22 个引脚有着密切联系，以长虹 SF2111 机型为例，如图 3-16 所示，图中芯片各脚功能如表 3-9 所示。

表 3-9　TDA9370 超级芯片 I^2C 总线有关各脚功能

脚号	各　脚　功　能
1	主要用于计数器/定时器 1 输入,在长虹某些版本中主要设计为 FM/TV 转换控制,但在本机型中此功能未用
2	用于 I^2C 总线时钟线(SCL)
3	用于 I^2C 总线数据线(SDA)
4	输出 PWM(脉宽)脉冲,用于高频头的调谐电压控制输出
5	本机键盘扫描信号输入 1 及指示灯控制
6	本机键盘扫描信号输入 2 控制
7	BAND1/RESET(高频头频段切换 1/复位)
8	设置为 BAND2(高频头频段切换 2)
9	接地端,主要为微处理器及外围数字电路供电
10	设置为低音提升开/关控制
11	设置为伴音中频制式选择控制
54	图文解调控制电路及 TV 数字电路电源端(3.3V)
55	接地端
56	数字电路电源端(3.3V)
57	接地端

71

脚号	各 脚 功 能
58	时钟振荡信号输入端
59	时钟振荡信号输出端
60	复位输入端(不使用时悬空或接地)
61	控制系统数字电路电源端(3.3V)
62	用于静音控制
63	待机控制,用于关闭行激励管基极的输入信号
64	遥控信号输入

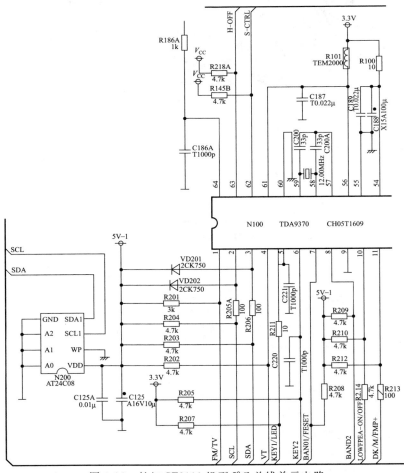

图 3-16　长虹 SF2111 机型 I²C 总线单元电路

任何型号芯片中的 CPU 在工作时，都必须具备三个基本条件。

① 必须有合适的工作电压。彩电中一般采用＋3.3V 或＋5V、＋8V 工作电压，即 V_{DD}电源正极和 V_{SS}电源负极（地）两个引脚。但需注意，一只芯片可采用多个正极或多个负极供电。

② 必须有复位（清零）电压。外电路应给微处理器提供一个复位信号，使微处理器中的程序计数器等电路清零复位，从而保证微处理器从初始程序开始工作。复位电路常有两种形式，即内置复位和外部复位。

③ 必须有时钟振荡电路（信号）。微处理器的外部通常外接晶体振荡器（晶振）和内部电路组成时钟振荡电路，产生的振荡信号作为微处理器工作的脉冲。

在图 3-16 中，(54)脚（R100、C189、C188 为退耦滤波电路）、(56)脚和(61)脚（R101、C187 为退耦滤波电路）是电源正极，⑨脚、(57)脚（本脚未直接接地）为电源负极；(60)脚为内置复位端，不需要外加复位电压；(58)脚与(59)脚为时钟振荡端，外接晶振 G200（12MHz）与平衡电容（C200、C200A）。电视机电源开关接通后，三个工作条件都具备时，微处理器中的时序控制电路便随之启动进入工作状态，向指令控制电路、运算器、存储器、输入/输出接口等电路发出时序控制指令，各相关电路接收到时序控制电路发出的指令信号后，便启动进入待机工作状态，随时准备接收本机控制键形成的或由遥控接收器送来的启动电视机，由待机状态转为正常工作状态的指令信号。

E^2PROM 电擦除可编程只读存储器是超级芯片彩电中的重要器件之一，是作为微处理器系统向外部扩展的一个存储器，用于存储频道调谐数据及电视信号处理系统的各项处理数据，它总带有 I^2C 总线接口，因此在实际应用中，其 I^2C 总线接口的 SDA 数据线和 SCL 时钟线就总与超级芯片的同名端相连接。外部存储器一旦接入电路与微处理器接通，两者之间在工作过程中，便形成特定的数据通信协议，外部存储器便在特定的通信协议约束下工作。

图 3-16 中的 N200（AT24C08）为外部存储器，其引脚符号和各脚功能如表 3-10 所示，大部分存储器的具体应用都基本相同，只是型号和容量不同，如 24C04 的容量为 4Kb/s、24C16 的容量为 16Kb/s、24C32 的容量为 32Kb/s 等。

表 3-10　外部存储器 AT24C08 引脚符号和各脚功能

脚号	符号	各脚功能	脚号	符号	各脚功能
1	A_0	地址 0	5	SDA	I^2C 总线数据线
2	A_1	地址 1	6	SCL	I^2C 总线时钟线
3	A_2	地址 2	7	WP	页写功能控制，接地
4	GND	电路接地端	8	V_{DD}	+5V 电源端

在图 3-16 中，C152A、C152 为电源滤波电容；R204、R203 为上拉电阻，用于为 SCL 时钟线和 SDA 数据线提供偏置电压，以使 SCL、SDA 在总线空闲时保持在高电平；R205A、R206 为 I^2C 总线接口阻抗匹配电阻。

图中其他有关各脚功能在其他单元电路中再讲述，这里不作多述。

3.3.7　遥控系统

长虹 SF2111 机遥控电路方框图如图 3-17 所示。

（1）面板按键

长虹 SF2111 机遥控电路原理图如图 3-18 所示。遥控电视机控制信号可以来自面板，也可以来自遥控器，既遥控信号有两种输入方式。若来自面板，则由键盘矩阵直接送给超级芯片。本机面板按键扫描电路由 6 只触发按键和 6 只矩阵电阻等组成，其中电阻 RP04、键 KK03 用于 AV/TV 转换控制；电阻 RP05、键 KK02 用于菜单控制；电阻 RP06、键 KK01 用于音量减控制；电阻 RP03、键 KK04 用于音量增控制；电阻 RP02、键 KK05 用于节目减控制；电阻 RP01、键 KK06 用于节目增控制。按键是由若干个按钮组成的开关矩阵，每个按键都是一对常开触头。在键盘上有按键按下时，对闭合按键的识别由超级芯片内部的电路进行识读。这两组键

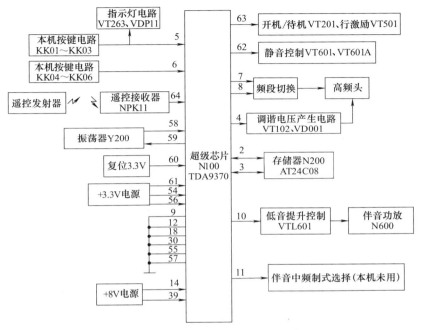

图 3-17 长虹 SF2111 机遥控电路方框图

扫描信号分别通过插排 CN8、XSK01 送至芯片的⑤脚、⑥脚，超级芯片 N100（TDA9370）的⑤脚为 KEY1/LED（键盘扫描信号输入 1 及指示灯控制），⑥脚为 KEY2（键盘扫描信号输入 2）。当超级芯片接受到某一键扫信号（某一按键按下）时，通过其内部判断与处理，随后输出其对应的控制信号，控制该单元电路工作在本次操作的模式下。图中的 R205、R207 为上拉电阻，上拉电阻保证了按键断开时，输入/输出（I/O）口有确定的高电平。

（2）待机电路

待机电路主要由芯片的⑥③脚、③③脚、V201、V501 等组成。③③脚输出的行激励脉冲，加至行激励管 V501 的基极；⑥③脚为开机/待机控制输出，当操作待机时，⑥③脚输出高电平经 R218 加至V201 的基极，V201 饱和导通，其集电极变为低电位，从而强迫

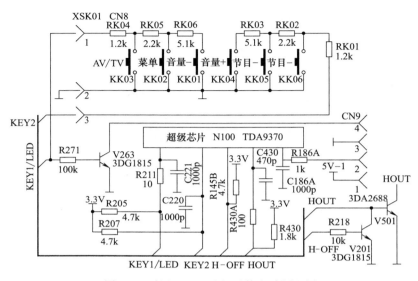

图 3-18　长虹 SF2111 机遥控电路原理图

V501 的基极也变为低电位，短路了行激励脉冲的输出，使电视机进入待机状态；当开机后，⑥⑥脚输出低电平，与上述相反，V201 处于截止状态，对 V501 的工作状态没有影响。

（3）遥控接收头

遥控电视机的控制信号若来自遥控器，还需经遥控接收头的转换才能输送给超级芯片。遥控接收头是一个独立的整体，封装在一个屏蔽盒内，只在光电接收管的前端开一光路通路，体积只有纽扣大小，因此，在这里不介绍其内部电路，若出现损坏，通常采取整体代换。遥控接收头及指示灯电路原理图如图 3-19 所示。

遥控接收头部件的①脚为接地端，②脚为信号输出端，③脚为电源供电端。遥控接收头接收到信号后，经其内部处理从②脚输出，再经 PK251B、PK272、插排 CN9 与 XS700、R186A 送至芯片的⑥④脚，实现遥控操作的信号输入。

（4）指示灯

指示灯电路主要由芯片的 ⑤ 脚、R271、V263、VDP11、

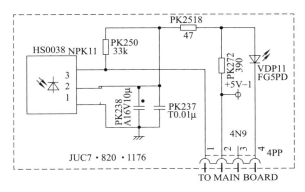

图 3-19　遥控接收头及指示灯电路原理图

PK272 等组成，参看图 3-19。N100 的⑤脚既用于键盘扫描输入，又用于待机指示灯控制。当电视机在待机状态时，超级芯片的⑤脚输出高电平，经 R211、R271 加至 V263 的基极，V263 饱和导通，其集电极变为低电位，该低电位通过插排 XS700、CN9 加至发光二极管 VDP11 的负极，发光二极管得到正偏电压而导通点亮；反之，当电视机在开机状态时，超级芯片的⑤脚输出低电平，与上述过程正好相反，发光二极管熄灭。

图 3-17 中的其他遥控原理在后面的章节中再做介绍。

（5）红外遥控发射器

红外遥控发射器，简称遥控器。当电视机工作在遥控时，遥控器通过键盘矩阵和键盘扫描电路，得到键位编码，再将编码调制为高频信号，驱动红外发光管转换成红外光线反射出去。

图 3-20 为 TCL-AT2516U 机型的遥控器电路图。它装在机外遥控手柄盒内，由键盘矩阵、集成电路 PCA8521BT（IC1501）、红外发光二极管 D1501、驱动管 SA562、晶振 X1501 及外围元件等组成。其工作原理简述如下。

振荡器产生 4MHz 振荡信号，经分频器分频后，分别送到定时信号发生器的脉冲调制器。定时信号发生器给扫描信号发生器和指令编码器提供时钟信号。扫描信号发生器依次产生脉宽扫描脉冲信号，通过输出门对键盘矩阵电路进行扫描，在经输入门、输入编码器对所按键位进行识别，产生一个二进制代码送给指令编码。指令编码然后进行码值转换，得到遥控指令码。

指令编码器输出的功能指令码送到脉冲调制器，调制在一定的载波上。调制后的信号经缓冲器放大后，送至外接驱动器再次放大，最后送至红外发光二极管，转换为红外光信号发射出去。

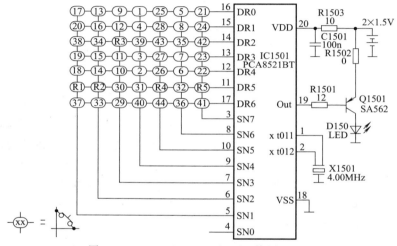

图 3-20　TCL-AT2516U 机型遥控器原理图

3.4 扫描系统

扫描系统主要包括行扫描、场扫描和同步分离电路等，行、场扫描电路的主要任务是形成光栅，同步分离电路主要任务是保证光栅的稳定性及一致性。扫描系统的小信号处理电路均包含在芯片内部，而工作电流大的单元电路则采用分离元器件。扫描电路的组成方框图如图 3-21 所示。图中虚线框内的单元电路在芯片内部，目前都集成在集成电路中，因此，通常把这部分电路通称为扫描电路的小信号处理电路。

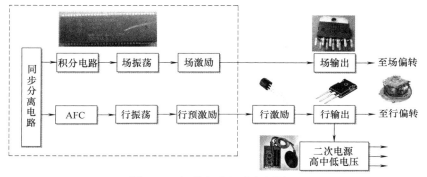

图 3-21 扫描电路组成方框图

3.4.1 行扫描电路

长虹 SF2111 机型行扫描电路原理图如图 3-22 所示。

在图 3-21 中，行扫描小信号处理电路主要集成在 N100（TDA9370）的⑭脚、⑯脚、⑰脚、㊳脚和㊻脚内部，其中⑭脚为电源＋8V 供电端，外接退耦滤波元件 L152、C153、C156；⑯脚为鉴相器 2（AFC-2）滤波端，外接滤波电容 C157，内接行预激励及行相位控制电路；⑰脚为鉴相器 1（AFC-1）滤波端，外接由 R158、C158、C159 组成的双时间常数滤波电路，内接行/场同步分离及行振荡锁相环电路。

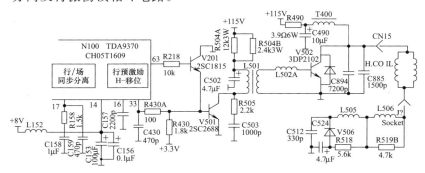

图 3-22 长虹 SF2111 机型行扫描电路原理图

AFC-1 是锁相环自动频率控制电路，它在芯片内部由同步分离电路送入 AFC-1 的同步信号，作为锁相环自动频率控制的开关信号，它与行振荡器输入的行振荡信号进行相位比较。若行振荡频率偏差时，它将输出误差信号给行振荡器，控制行振荡电路的时间常数，并对其进行调整，确保振荡频率与同步信号完全一致。行振荡器的振荡频率是通过分频技术从芯片⑱、⑲脚产生的 12MHz（晶振）频率中获得的。AFC-2 也是锁相环自动频率控制电路，它的作用是能够稳定和控制整形后的行激励脉冲的相位，从而确保图像线性不随亮度变化而变差，用于校正行输出管集电极的变化电流。

行振荡信号由超级芯片内部的扫描脉冲产生电路完成，在经 AFC-1、AFC-2 锁相后，从㉝脚输出行激励脉冲信号送至外接的行激励（行推动）V501 电路。行激励电路的作用是对行预激励送来的行频（15625Hz）脉冲进行放大，提供功率足够的行频脉冲信号，使行输出管工作在开关状态。

图中，V201 为行激励管，R504A 为集电极限流电阻。L501 为行激励变压器，其作用是现实阻抗匹配和隔离作用。R505、C503A 为阻尼吸收电路，消除干扰的高频寄生振荡。

超级芯片的㉓脚为开机/待机控制信号，当其输出低电平时，V201 处于截止状态，不影响行激励的工作，电视机处于正常收看工作状态；当其输出高电平时，V201 处于导通（饱和）状态，把行激励的脉冲信号短路到地，使激励停止工作，迫使电视机处于待机状态。

行输出级实际上是开关功率放大电路，主要作用是产生扫描锯齿波电流，图 3-23 为行输出及基本电路原理图。

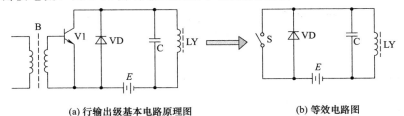

(a) 行输出级基本电路原理图   (b) 等效电路图

图 3-23　行输出及基本电路原理图

图中 B 为行激励变压器，V1 为行输出管（开关管），VD 为阻尼二极管，C 为逆程电容，LY 为行偏转线圈，E 为行电源。由于行扫描电路工作在开关状态，所以可将行输出管等效为一个开关 S，等效电路图如图 3-23（b）所示。

为便于理解和学习行输出级电路的工作原理，图 3-24 给出了行输出的波形图。

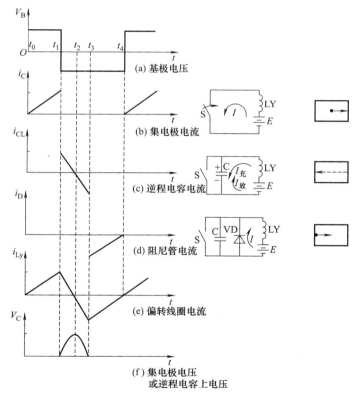

图 3-24　行输出的波形图

当行输出管基极加入开关信号时，波形如图 3-24（a）所示，在 $t_0 \sim t_1$ 期间，行输出管发射极处于正偏而饱和导通，开关相当于闭合，电源电压 E 加在偏转线圈 LY 上，在 LY 上产生从零逐渐增大的线性偏转电流，这个电流也是行输出管的集电极电流，该电流形成了扫描正程的后半段，如图 3-24（b）所示。

在 $t_1 \sim t_2$ 期间，行开关信号处于负脉冲，行管发射极处于反偏而截止，开关相当于断开，电源电压 E 经偏转线圈 LY 给逆程电容 C 充电，充电电流按线性变化一直减小到零（充满）。而充电电压从上升到最大值，电源电压加逆程高压。如图 3-24（c）所示。

在 $t_2 \sim t_3$ 期间，开关还相当于断开，但此后逆程电容 C 开始放电，流经偏转线圈 LY 的放电电流方向为反向。随着放电的继续，放电电压逐渐减小，放电电流达到反向最大值。在此期间，形成了扫描的逆程，如图 3-24（d）所示。

在 $t_3 \sim t_4$ 期间，行输出管处于截止状态，但阻尼管 VD 处于正偏，当逆程电容 C 上的放电电压达到 VD 的起始电压时，VD 导通，LY 中的电流通过 VD 继续流动，直到减小到零。阻尼管的电流形成了扫描正程的前半段。如图 3-24（e）所示。

在以后期间，行输出管基极加入的开焊信号，又变为正脉冲，行输出管从截止状态又变为导通状态，重复上述过程，如图 3-24（a）、（b）所示。

在一个周期内，偏转线圈的电流和集电极电压（或逆程电容上电压）的波形图如图 3-24（e）、（f）所示。

综上所述，行扫描锯齿波电流正程前半段是由阻尼二极管导通形成的，使电子束由屏幕左端偏转到屏幕中间；行锯齿波电流正程后半段是由行输出管导通形成的，它使电子束由屏幕中间偏转到屏幕左端；行扫描逆程电流则是由偏转线圈和逆程电容的自由振荡产生的，它使电子束从屏幕右端偏转到屏幕左端。从理论推导可得如下结论：

① 行逆程脉冲的峰值很高，要求行输出管、阻尼二极管、逆程电容的耐压应足够高。一般选取耐压大于 1500V。

② 行周期越长，行逆程时间越短，高压就越高。因此，改变行逆程电容容量的大小就可以改变行逆程脉冲电压的大小。在实际电路中，常用几个电容并联作为逆程电容，其目的一是方便调节行

逆程脉冲电压，二是防止逆程电容开路致使反峰电压过高而损坏行输出管等元器件。

长虹 SF2111 彩电行扫描电路，它由开关管 V502、阻尼二极管、逆程电容 C894、C885、行变压器 T400、行偏转线圈（H. COIL）等组成，如图 3-22 所示。

 注　意

图 3-22 中的开关管 V502 是内置阻尼二极管（俗称带阻管），部分机型采用的是非带阻管，因此，电路板中非带阻管应焊接有阻尼二极管。

此外，与行偏转线圈（H. COIL）串接的 L//R（//表示并联）电路，即由 L506、R519B、L505、R518 等组成的行扫描线性补偿电路，本电路主要用于补偿非线性畸变和延伸性畸变及"S形校正。"图中的 R490 为行管供电电阻，C490 为电源退耦滤波电容。

行扫描电路的信号流程：N100㉝脚→R430A→V501 基极→V501 集电极→行激励变压器 L501→L502A→V502 基极→V502 集电极→插排 CN15→行偏转线圈（H. COIL）→插排 CN15→补偿、校正电路（L506、R519B、L505、R518、C512、C524、VD560）→地。

行扫描负载除了行偏转线圈之外，还有行输出变压器及辅助电源电路，长虹 SF2111 机型行输出变压器及辅助电源电路原理图如图 3-25 所示。

行输出变压器 T400，它除了用来完成行偏转扫描功能外，还利用在扫描逆程期间产生的反峰脉冲向显像管各电极及其他一些电路提供工作电压。行输出变压器各引脚功能如表 3-11 所示。

表 3-11　行输出变压器各引脚功能

引脚号	引脚符号	各引脚功能
1	+B	主电源（+B=115V）电压输入端
2	H-COIL	行输出管（开关管）供电，接行输出管集电极
3	SAND	行逆程脉冲（以产生沙堡脉冲）输出
4	+190V	末级视放电源

引脚号	引脚符号	各引脚功能
5	+45V	+45V 场输出供电电源
6	+15V	+15V 低压电源
7	ABL 与 EHT	ABL(自动亮度限制)与 EHT(行高压检测)输出
8	GND	接地端
9	HENT	灯丝电压
10	+11V(+8V)	+11V 和 +8V 低压电源
	HV	高压输出
	FV	聚焦电压输出
	SV	加速极电压输出

注：引脚符号与整机图纸有些差别，请注意区别。

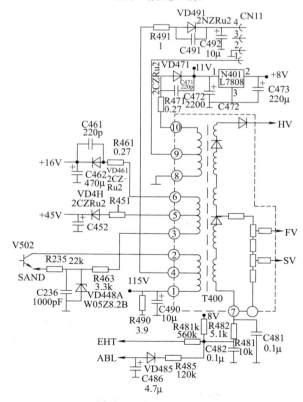

图 3-25　长虹 SF2111 机型行输出变压器及辅助电源电路原理图

行输出变压器各引脚输出电压或信号流程情况如下：

① ③脚→R463 限流→VD448A 稳压→C236 滤波→R235→芯片㉞脚，以产生沙堡脉冲。

② ④脚→R491 限流→VD491 整流→C492 滤波→＋190V→插排 CN11 的 4 脚送至末级视放电路，为该电路供电。

③ ⑤脚→R451 限流→VD451 整流→C452 滤波→＋45V 的直流电压，送至场输出级，为场输出级供电。

④ ⑥脚→R461 限流→VD461 整流→C462 滤波后得到＋15V 的直流低压电源。

⑤ ⑦脚行逆程脉冲分两路输出，一路为 ABL（自动亮度限制）电路检测，送至芯片㊾脚。在彩电中，彩色显像管的第二阳极高压通常都在 20kV 以上，产生电子束的总电流接近 1mA，因此耗散功率较大，若束流超过额定值太多，会引起高压电路过负荷，使高压整流元器件寿命变短，甚至损坏；也会使显像管荧光粉受电子束过量轰击而大大缩短寿命。为此，彩电要设置 ABL 电路来防止这种现象的发生。另一路为 EHT（行高压检测）电路，送至芯片㊱脚，控制场几何失真及控制东、西几何失真；当显像管束电流由于某种原因发生较大变化时，易引起行、场扫描幅度的变化，反映到屏幕上就是光栅胀缩，严重影响收视效果。

⑥ ⑨脚行逆程脉冲经插排 CN11 的①脚（和②脚）送至显像管，作为灯丝电压，为 5～6.3V。

⑦ ⑩脚→R471 限流→VD471 整流→C492 滤波→＋11V→N401（L7808）→8V 直流低压电源。

此外还有中、高压输出，即加速极（SV）电压输出、聚焦极（FV）电压输出和高压（HV）输出。

3.4.2 行扫描单元电路的识别

行扫描单元电路在印刷电路板中识别时应掌握它的布局排列顺序和特有元器件的外形，如图 3-26 所示。在识读各组行电源时，一般规律是限流电阻→整流二极管→滤波电容→三端稳压器（或电子稳压)。行扫描单元电路在机板中的识别主要看：一体化行输出变压器、行开关管及散热片、行激励变压器、大功率的供电电阻、整流二极管、滤波电容、稳压器、行偏转线圈等。因为这些元器件外形较特殊或体积较大，容易识别与辨认。

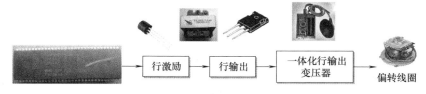

(a) 行扫描电路布局排列顺序

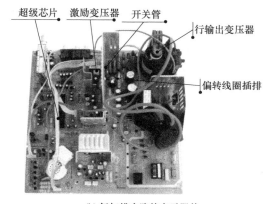

(b) 行扫描电路特有元器件

图 3-26　行扫描电路单元电路的识别

3. 4. 3　场扫描电路

场扫描电路主要由超级芯片 N100 的㉑脚、㉒脚等内部电路完成小信号处理和集成电路 N400（TDA8356）完成场输出两部分组成，长虹 SF2111 机型场扫描电路原理图如图 3-27 所示。

在超级芯片内部，行/场同步分离电路产生的场频，加至场激励、场几何输出电路，完成场小信号处理后由㉑脚、㉒脚输出至外

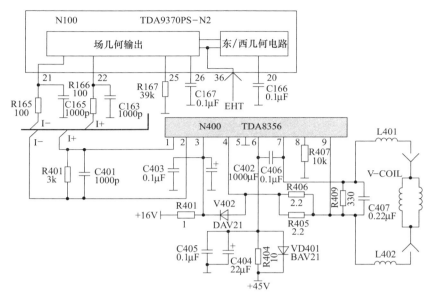

图 3-27 长虹 SF2111 机型场扫描电路原理图

电路，但其相关处理数据如场幅度、场线性等均由编程软件通过 I^2C 总线来完成。场扫描激励信号波形除了受 I^2C 总线控制外，还主要取决于芯片㉖脚外接的锯齿波形成电容 C167 和㉕脚外接的限流电阻 R167。除此之外，还受通过㊱脚输入的 EHF（行高压检测）信号控制，以校正场幅度和行扫描幅度，达到稳定光栅的目的。

场输出是由集成电路 N400（TDA8356）独立完成的，TDA8356 是由飞利浦公司开发的一种双电源直流耦合形式功率输出级集成电路，其外形是单排列、直插式、塑封型结构，它的最大特点是采用 16V 和 45V 双电源供电，并且内部设置有场逆程开关和过流、过热保护电路，适用于偏转角为 90°和 110°的显像管。其各脚主要功能如表 3-12 所示。

图 3-27 中，R401、C403、C402 为＋16V 正程供电电源退耦滤波电路；R404、C404、C405 为＋45V 逆程供电电源退耦滤波电路；L-COIL 为场偏转线圈。

表 3-12 TDA8356 各脚主要功能

引脚	引脚符号	各脚主要功能	引脚	引脚符号	各脚主要功能
1	IN_A	正极性场激励信号输入	6	V_{FB}	场逆程供电
2	IN_B	负极性场激励信号输入	7	OUT_A	正极性场功率输出
3	V_D	场信号处理电路供电	8	GUARD	保护输出,高电平保护动作
4	OUT_B	负极性场功率输出	9	FEEDB	输入反馈电压
5	GND	接地			

芯片 N100 内部的场扫描小信号处理电路所产生的场激励信号分为正、负两个极性（I－、I＋）分别从㉑脚、㉒脚输出，然后分别通过 R165、R166 送至 N400（TDA8356）的①脚、②脚，在其内部经放大处理后，分别从④脚、⑦脚输出经 L402、L401、插排送至场偏转线圈 V-COIL 上，使显像管产生垂直扫描。

3.4.4 场扫描单元电路的识别

场扫描单元电路在机板中的识别主要看：厚膜式场输出块及散热片、大功率的供电电阻、场偏转线圈及插排等。场扫描单元电路识别示意图如图 3-28 所示。

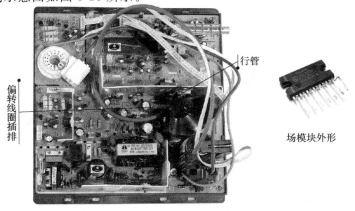

图 3-28 场扫描单元电路识别示意图

3.5　公共通道

3.5.1　公共通道的组成

公共通道是指图像和伴音共同通过的线路流程，即从天线输入到预视放输出包含的各个单元电路，公共通道组成方框图如图3-29所示，图中虚线框内的单元电路在超级芯片中完成，其余单元电路用分离元器件来完成。

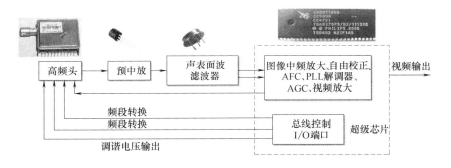

图 3-29　公共通道组成方框图

公共通道的主要任务是对高频头输出的 38MHz 图像中频信号和 31.5MHz 第一伴音中频信号进行特定幅度放大后，检出图像信号和 6.5MHz 的第二伴音中频信号，分别送至下一级电路进行处理。

电子调谐器又称为"一体化电子高频头"。高频头在彩电中所担任的任务是，将天线接收到的调制在 VHF 和 UHF 频段电磁波上的彩色电视信号，选择、变频为图像中频信号并将其放大，从高频电子调谐器的 IF 端子输出，送至下一级图像中频电路。

预中放是由于声表面波滤波器的插入损耗达 $-18 \sim -20\mathrm{dB}$，

为了补偿这一衰减，需要增加宽频带的预中放电路。

声表面波滤波器的作用是滤除杂波，对图像中频限幅并放大，为防止伴音信号干扰图像信号而对伴音信号进行压缩（伴音信号到第二伴音通道在放大），对相邻频道的图像载频和伴音载频进行抑制。

3.5.2 公共通道电路分析

长虹 SF2111 机型公共通道的原理图如图 3-30 所示。

(1) 高频头

高频调谐器简称高频头，内部的单元电路及结构较为复杂，通常将它独立装置在金属盒子里，由引脚与外电路相连接，维修有一定的困难，内部损坏后一般可采取整体代换，因此，只讨论它的引脚功能原理。长虹 SF2111 机型采用的是 TDQ-5B6-M（A2）电压合成式高频头，其引脚功能如表 3-13 所示，电路的工作原理可见图 3-30 所示。

表 3-13　TDQ-5B6-M 电压合成式高频头引脚功能

脚号	符号	引脚功能	脚号	符号	引脚功能
1,2	GND	接地,本机两脚悬空	8	BM(+B)	高频头工作电压,+5V
3	AGC	高频放大级自动增益控制输入	9	AFC	自动频率控制。本机悬空,其功能是由 N100 内部电路通过锁定 V_T 电压来实现
4	V_T	调谐选台电压。调整电压范围在 0～30V 内,改变调谐电压,就能改变接收电视台的频道	10、11		本机两脚悬空
5	BU	UHF 波段工作电压	12	IF1	中频载波信号输出 1
6	BH	VHF-H 波段工作电压	13	IF2	中频载波信号输出 2,本机接地
7	BL	VHF-L 波段工作电压	14、15	GND	接地

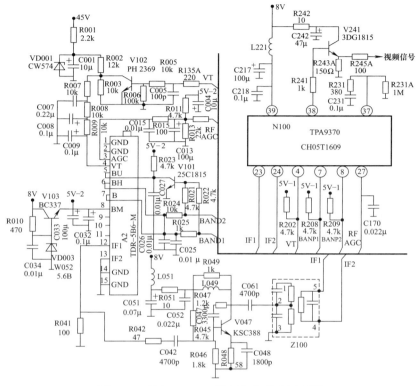

图 3-30 长虹 SF2111 机型公共通道原理图

根据我国现行电视广播制式，电视机接收频段、频率范围如表 3-14 所示。

表 3-14 电视机接收频段、频率范围

机型	频段		频率范围/MHz
标准型	VL(BL)	1~5	49.75~85.25
	VH(BH)	6~12	168.25~216.25
	U(BU)	13~68	471.25~863.25
加密型	VL(BL)	$Z_1 \sim Z_3$	49.75~128.25
	VH(BH)	$Z_4 \sim Z_{27}$	136.25~376.25
	U(BU)	$Z_{28} \sim Z_{57}$	384.25~863.25

高频头的工作过程和信号流程如下。

① 频段切换电路。频段切换电路是给高频头提供选（搜）台时的三个频段电压，使高频头工作在对应的频段，即高频头得到该频段的电压，就工作在该频段。

在图 3-30 中，当超级芯片接收到选台指令后，从⑦脚、⑧脚分别输出频段切换（BAND1、BAND2）电压，送至高频头的频段切换端子。当⑦脚输出高电平时，经 R025、C025 退耦滤波，直接加至高频头的 BL 端子，使高频头工作在 BL 频段；当⑧脚输出高电平时，经 R024、C026 退耦滤波，直接加至高频头的 BH 端子，使高频头工作在 BH 频段；当⑦脚、⑧脚分别输出高电平时，经 V101 放大，直接加至高频头的 U 端子，使高频头工作在 U 频段。

② 调谐电路。调谐电路是给高频头提供选台时一个工作电压，即能提供 0～30V 的平稳变化电压。

在图 3-30 中，当超级芯片接收到选台指令后，从④脚输出 0～3.6V 的调谐电压（V_T 或 U_T），经电阻 R135A 送至调谐电压变换电路 V102。调谐电压变换电路实际上是一个倒相电平变换电路，把低电平倒相变换为高频头选台所需的高电平（0～30V）。

调谐电压变换电路由 V102、R005、R006、R002、R003、R001、VD001、C001、R007、C007、R008、C008、R009、C009 等组成。V102 是倒相放大管，R005、R006、R002、R003 是偏置电阻，R001、VD001、C001 组成稳压电路，R007、C007、R008、C008、R009、C009 组成三节积分滤波电路。超级芯片输出的调谐脉冲电压（0～3.3V）经电阻加至 V102 的基极，经其倒相放大后从集电极输出，再经三节积分滤波电路平滑，可得到 30～0V 的调谐电压，该电压直接送至高频头的 V_T 端子。

选台就是变换接收频道，选择所要收看的电视台。为了实现选台，超级芯片的控制电路要输出两种电压信号。一种是频段控制信号，决定 BL、BH、BU 频段；另一种是用来在一个频段内选择不同频道的调谐电压，通常为 0～30V 可调电压。

自动选台与存台工作的基本电路组成方框图如图 3-31 所示。

图 3-31　自动选台与存台工作基本电路组成方框图

自动选台与存台的过程如下。

① 按下自动搜索键后，V_T 电压就按照 BL→BH→BU→的顺序，分段由小到大的逐步上升进行搜索，当搜索到电视节目信号后，超级芯片解码电路将输出一个信号识别脉冲（复合同步脉冲），此脉冲经整形处理后送至超级芯片 CPU 内，告诉 CPU "已经搜到信号"，CPU 马上放慢搜索速度，进行缓慢搜索。

② 与此同时，CPU 根据信号强弱组成的 AFT 电压（由 CPU 在超级芯片内部直接监控调谐扫描电压 V_T 来实现）的精确程度，来判断是否达到最佳点。当搜索到电视信号并已找到最佳调谐点，CPU 即指令将该频道的所有数据存入存储器，一个电视节目即锁台记忆（存台）完成。

③ 随后，节目号在原来基础上自动加 1，V_T 电压重新上升，再进入下一个频道的搜台、存台状态。

手动搜台和手动微调过程基本同上，在这里不作过多叙述。

图 3-31 中的 V103、R010、C034、VD003、C033、C032 等组成电子稳压电路，把＋8V 转换为＋5V，作为高频头整体部件的供电电源。

（2）预中放电路

预中放电路主要由 V047、Z100 等组成。各元器件的作用如下：

V047 为预中放放大管；R049、R045、R046、R048 为偏置电阻；L409 为补偿电感，与 C061 组成并联谐振回路；C042、C061 为耦合电容；L051、C051、R051、C052 为退耦滤波电路。Z100 为声表面波滤波器（SAWF）。

（3）图像中频电路

在超级芯片电视机中，图像中频电路主要包含在芯片内部，只用了少量引脚及外围分离元件。TDA9370 与中放电路有关的引脚有㉓脚（IF1 中频输入 1）、㉔脚（IF2 中频输入 2）、㉗脚（高频头高放输出）、㊲脚（中频锁相环低通滤波）、㊳脚（全电视信号输出）、㊴脚（芯片供电端）等组成。

由㉓脚、㉔脚输入的 IF 信号，首先在 N100 内部进行中频放大，然后再进行 PLL（锁相环）视频解调及中频 AGC 等处理。㊲脚用于中频锁相环（PLL）低通滤波，外接 R231、R231、C231 与内部接口电容组成双时间常数电路。经内部检波后得到的全电视信号从㊳脚输出，再由 V241 组成的射随放大器放大，最后分配送至后级电路。图中，L211、C217、C218 为供电退耦滤波电路；R241 为耦合与偏置；R242 为偏置与退耦；C242 为滤波；C170 为高频滤波。

公共通道的信号流程：天线→高频头→高频头⑫脚 IF（中频输出）→R042、C042→V047 基极→V047 集电极→C061→Z100 脚→

Z100 ┬→⑤→N110⑦脚┐
　　　└→④→N110⑧脚┘ →N100㊳脚 →R241→V241 基极→V241

集电极→R245A→输出视频信号。

3.5.3　公共通道单元电路的识别

在公共通道单元电路印刷电路板中识图时，应掌握它的布局排列顺序，如图 3-32（a）所示，电路板实际实例示意图如图 3-32（b）所示。

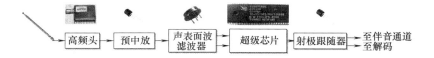

(a) 公共通道单元电路布局排列顺序

(b) 电路板实际实例示意图

图 3-32　公共通道单元电路布局排列顺序

6 伴音通道

3.6.1　伴音通道的组成及作用

伴音通道从原理上来讲，是指从天线输入到喇叭的整个部分电路，但从维修的角度是指预视放级以后第二伴音信号单独经过的电路。伴音通道的基本组成方框图如图 3-33 所示，其中第二伴音中放、鉴频器在超级芯片内，伴音功放一般采用集成厚膜来完成。

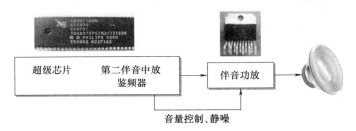

图 3-33　伴音通道基本组成方框图

各方框图的主要作用如下。

（1）超级芯片

超级芯片中伴音小信号处理电路，一般有第二伴音中频、鉴频器、音量控制、静噪电路等。超级芯片中的视频检波电路对全电视信号进行检波，得到图像中频 38MHz 和伴音中频 31.5MHz，这两种频率二次混频得到第二伴音中频 6.5MHz 信号。鉴频器就是对第二伴音中频进行检波。

（2）音量控制

超级芯片接到操作指令后，输出控制指令，对伴音输出量进行大小控制。

（3）伴音功放

伴音功放就是对第二伴音进行功率放大，用来驱动喇叭。

3.6.2　伴音通道电路分析

长虹 SF2111 机型伴音通道原理图如图 3-34 所示，超级芯片与伴音通道有关的引脚功能如表 3-15 所示，伴音功放集成厚膜 TDA8943 的引脚功能如表 3-16 所示。

（1）供电电路

伴音功放集成电路 N600（TDA8943）采用＋12V 供电，＋12V 电源经 P611、R601、C601、C602 退耦滤波后，直接加至 TDA8943 的②脚，⑧脚为接地端子。

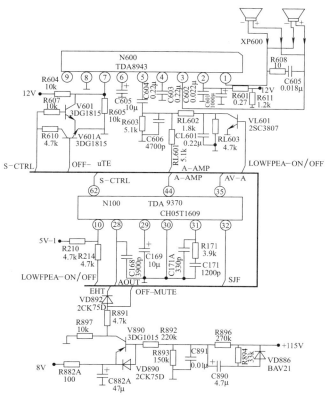

图 3-34　长虹 SF2111 机型伴音通道原理图

表 3-15　超级芯片与伴音通道有关的引脚功能

脚号	符号	引脚功能	脚号	符号	引脚功能
10	LOWFPEA-ON/OFF	低音提升开关控制	32	SIF	6.5MHz 伴音中频信号输入
28	AOUT	伴音去加重滤波端	35	EXT	外部音频信号输入
29	DECSDEM	音频解调退耦	44	AOUDOUT	音频信号输出
30	GND	接地端 2	62	INT1	静音控制
31	SNDPLL	伴音锁相环滤波			

表 3-16　伴音功放集成厚膜 TDA8943 引脚功能

脚号	符号	引脚功能	脚号	符号	引脚功能
1	OUT-	反向输出	6	SVR	1/2 供电退耦
2	V_{CC}	电源供电	7	MODE	模式选择输入
3	OUT+	正向输出	8	GND	接地
4	IN+	正向输入	9	NC	空脚
5	IN-	反向输入			

（2）静噪电路

静噪电路的主要作用就是在按动遥控器上的静音键或按动待机键关机，或无电台信号输入时，使喇叭无声音发出，达到静噪的目的。

静噪电路主要由超级芯片的⑥②脚、V890、V601A、V601、伴音功放 N600 的⑦脚等组成。当静噪起控时，芯片的⑥②脚输出高电平，与此同时 V890 也呈导通状态，导致 V601A 导通，V601 截止，故 N600 的⑦脚呈高电平，伴音功放电路处于静噪状态；反之，芯片的⑥②脚输出低电平，N600 的⑦脚呈低电平，静噪电路不起控。

（3）低音提升开关控制

VL601 用于低音提升开关控制，它受控于芯片 N100 的⑩脚，在正常状态时，N100 的⑩脚输出低电平，VL601 截止，RL603//CL601 组成的吸收回路有效；当 N100 的⑩脚输出高电平时，VL601 导通，RL603//CL601 组成的吸收回路被短路不再起作用。

（4）伴音通道信号流程

超级芯片 N100 ③⑧脚输出的全电视信号经射随器 V241 后，分成两路：一路送至视频电路；另一路送至伴音通道，即芯片 N100 的③②脚（有些机型是全电视信号在芯片内部直接送至伴音通道，请引起注意）。进入③②脚的信号实际上是第二伴音中频（6.5MHz），在芯片内部经过中频放大、鉴频（解调）还原出音频信号。该音频信号与芯片③⑤脚输入的 AV 信号一同经过内部处理，从④④脚输出。然后经 RL601、C604 等送至伴音功放 N600 的⑤脚，在 TDA8943 内部对该音频信号进行功率放大，最后由③脚、①脚分别输出两路信号，通过插排 XP600 送至两只喇叭，使其还原出声音。

N100㉛脚外接的 C171A、R171、C171 为双时间常数滤波电路；N600③脚、①脚间的 R608、C605 为频率补偿电路，用于改善音质。

3.6.3　伴音通道单元电路的识别

伴音通道单元电路在电路板中识别时主要看：伴音集成厚膜、与喇叭连接的插排、超级芯片等。伴音通道单元电路识别示意图如图 3-35 所示。

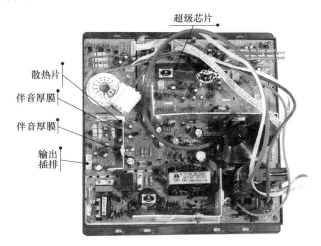

图 3-35　伴音通道单元电路识别示意图

3.7 解码系统

3.7.1　解码系统的组成及作用

解码电路是对彩色全电视信号进行分离、解调，还原出三基色信号的过程，完成解码任务的电路称为解码电路或解码器。解码电路原理较为复杂且庞大，好在它全部集成在超级芯片的内部外加少量外围元件来完成，对于维修者来说，不需要了解得太详细。

基色矩阵电路的作用是利用亮度信号与三个色差信号产生出三基色信号。基色矩阵电路安装于显像管的尾部，俗称尾板，由分离元件或集成电路来完成。

解码系统的组成方框图如图 3-36 所示。

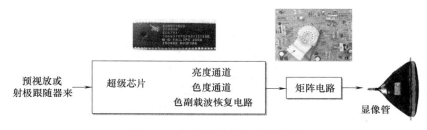

图 3-36　解码系统的组成方框图

3.7.2　彩色显像管及附属器件

（1）显像管

彩色显像管是彩色电视机的重要器件，目前普通彩色电视机普遍采用自会聚彩管。彩管是一个电真空阴极射线管（CRT），其外壳由玻璃制成，外形结构如图 3-37 所示。

习惯上用屏幕对角线尺寸作为屏幕大小的量度，单位有厘米（cm）和英寸（in），常见的彩管尺寸如表 3-17 所示。通常把电子枪发出的电子束偏转中心到屏幕的对角线两端的张角称为偏转角，彩管偏转角常有 90°、110°、114°等几种。

表 3-17　常见的彩管尺寸

英制/in	19	20	21	25	29	34
公制/cm	47	51	54	64	74	87

显像管锥体的内外壁都涂有石墨碳层或喷镀铝膜，内壁石墨层和高压阳极相连，外壁通过弹簧片和电路板地端相连，锥体玻璃两

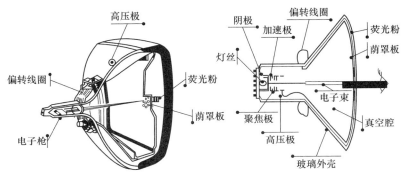

图 3-37　彩管外形结构

边的石墨碳层形成一个"管壳电容"，作为高压阳极的滤波电容。高压阳极（俗称高压嘴）也在锥体上，它和管内的高压阳极相连。

彩管的内部结构可分为电子枪、荫罩板和荧光屏等几大部分。

① 电子枪。电子枪的结构如图 3-38 所示。电子枪中的红、绿、蓝三个阴极是各自独立的，而栅极、加速极、聚焦极和高压极是公用的。

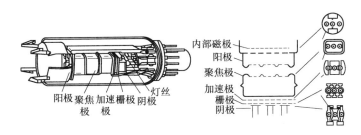

图 3-38　电子枪的结构

电子枪中各电极的主要作用如下。

a. 灯丝。灯丝加电后点亮，对阴极进行加热。灯丝由钨铝合金绕制成螺旋形，通常灯丝电压为交流 6.3V，电流为 0.6mA 左右，一般用 F 表示。

b. 阴极。阴极受热后可产生并发射电子。它的形状是一个圆筒状，一端开口，内装灯丝，另一端只有一小孔，电子束流便从此孔射出。阴极一般用 K 表示，K_R、K_G、K_B 分别表示红、绿、蓝三阴极。

c. 栅极。栅极又称为控制极，它与阴极形成一个阴栅电压，该电压的大小可决定电子束流的强弱，即达到调节亮度的目的。栅极通常接地，阴极加可变电压和视频信号。栅极一般用 G_1 表示。

d. 加速极。加速极是利用其上所加的高电压，加速和提高电子束流射向屏幕的速度。加速极电压的大小，与显像管的亮度成正比。工作电压一般为 $100\sim450V$，由行输出变压器提供。加速极一般用 G_2 或 A_1 表示。

e. 聚焦极。聚焦极也是一个金属圆筒，主要起电子聚焦，使射向屏幕的电子束流光点不致产生散焦现象。工作电压一般为 $5\sim8kV$，也是由行输出变压器提供。聚焦极一般用 G_3 或 A_3 表示。

f. 高压阳极。高压阳极又称高压极，是用金属件连接起来的两个金属圆筒，起加速电子和电子聚焦双重的作用。工作电压一般为 $10\sim27kV$，也是由行输出变压器提供。高压极一般用 HV 或 A_2、A_4 表示。

② 荫罩板。荫罩板主要起选色作用，安装在荧光屏后面 1cm 处，并与阳极相连，它采用开长形小槽品字形错开排列的结构，如图 3-39 所示。荫罩板的开槽数与屏幕上荧光粉条组数是一一对应的。

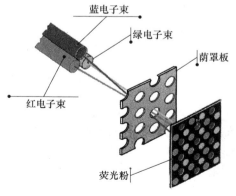

图 3-39　荫罩板的结构

③ 荧光屏。在屏幕玻璃内涂敷着垂直、交替的三基色荧光粉条，在没有荧光粉条处涂有石墨。荧光粉条在电子枪发出的高速电子轰击下，会发出与之相对应的色光。彩管电路图符号如图3-40 所示。

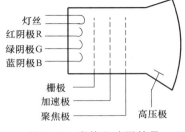

图 3-40　彩管电路图符号

（2）显像管附属器件

显像管附属器件主要有偏转线圈、色纯与会聚组件、消磁线圈等。

① 偏转线圈安装在显像管的锥体基部，主要作用是把行场扫描锯齿波电流转换为磁场，在洛伦磁力的作用下使电子束流偏转，从而形成光栅。

偏转线圈由行偏转线圈、场偏转线圈组成。行偏转线圈有两组，上、下各一组，与行输出级电路相配合，彼此并联或串联，其外形呈喇叭口（马鞍形）；场偏转线圈也有两组，上、下各一组，与场输出级电路相配合，彼此并联或串联，绕制在磁环上，其外形呈环形。偏转线圈的外形结构如图 3-41 所示。

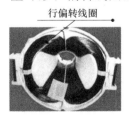

(a) 行偏转从内看　　　　　(b) 场偏转从外看　　　　　(c) 偏转线圈外形

图 3-41　偏转线圈的外形结构

② 色纯与会聚组件。色纯和会聚组件是自会聚彩色显像管的重要附属部件之一。它由三对磁环组成，磁环共六片，每组两片，各组分别为二极磁环、四极磁环和六极磁环。整个组件与偏转线圈的尾部保持一定的距离，有自己单独的塑料骨架和锁扣环。色纯与

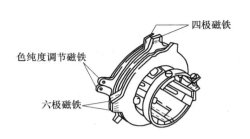

图 3-42　色纯与会聚组件组成结构

会聚组件组成结构如图 3-42 所示。

　　a. 色纯度问题。色纯度简称色纯，是指单色光栅的纯净程度，具体说就是红、绿、蓝三个电子束只能分别激发与其相对应的红、绿、篮三种荧光粉，当显示白色光栅时无色斑。

　　色纯度的故障现象为：屏幕上的某个区域出现色斑。造成色纯不良的原因有：显像管制造工艺误差、地面和其他外界磁场的影响等。排除色纯不良的措施：色纯的调制、自动消磁电路等。

　　对于制造工艺误差和偏转线圈移位造成的色纯不良，可通过色纯的调整来消除。二极磁环也称为色纯度磁环，它由如图 3-43（a）所示。两个带有突耳的磁环组成，当它们极性相反叠合在一起时，将不显示任何磁性，如将两对突耳分开，就会产生如图 3-43（b）所示的合成磁场。在合成磁场的作用下。三条电子束一起移动。两磁环间相对扭转的角度决定着合成磁场的大小；两磁环绕管径共同扭转将改变合成磁场的方向，视具体情况可灵活调节二极磁铁，使

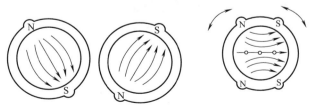

（a）分开是色纯磁环　　　　　（b）合成磁场及电子束校正方向

图 3-43　色纯磁环及校正

三条电子束分别打在各自的荧光粉上。

　　b. 会聚问题。会聚是指红、绿、蓝三电子束同时穿过荫罩板的同一组荧光粉条。会聚又分静会聚和动会聚，静会聚误差是指屏幕中心区域三条电子束的会聚误差，具体故障现象为中心区域变为红、绿、蓝不重合的三条线，静会聚调整是调节（旋转）四极磁环和六极磁环。

　　静会聚调整是调节四极磁环和六极磁环。四极磁环有两片，也是横向充磁，它有四个磁极，其磁极分布如图 3-44（a）所示。它的作用是使两个边束（即 B、R 电子束）作方向相反的运动、或靠近、或离远、或一个上移而另一个下移。这样，通过四极磁环的作用，就可以把红、蓝两边束重合在一起。六极磁环也是两片，其磁场分布如图 3-44（b）所示。它的作用是两边电子束作方向相同的运动，而中间的电子束不动，使会聚的红、蓝电子束与绿电子束重合，达到红、绿、蓝三条电子束在屏中间完全重合会聚。

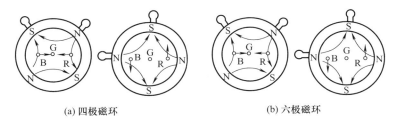

(a) 四极磁环　　　　　　　　　　　　(b) 六极磁环

图 3-44　静会聚磁环的作用

　　动会聚误差，是指屏幕中心区域以外区域的会聚误差，具体故障现象为光栅出现枕形失真，动会聚调整是在扫描电路中增设左右枕校电路及电子枪内设置磁增强器与磁分路器等。

　　色纯与会聚组件在显像管的位置如图 3-45 所示。

　　③ 消磁线圈。消磁线圈盘绕安装在显像管的锥体外面，它与消磁电路相配合，是消磁电路的负载。主要作用是消除地磁及其他杂散磁场对色纯的影响。

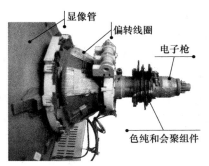

图 3-45　色纯与会聚组件在显像管的位置

（3）彩色显像管引脚的识别

常见彩色显像管引脚的排列图如图 3-46 所示。

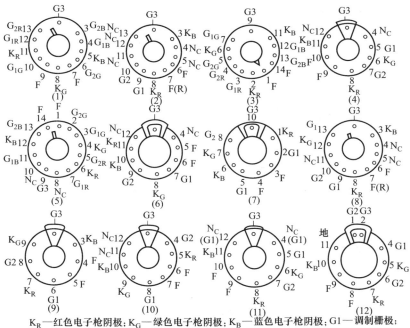

K_R—红色电子枪阴极；K_G—绿色电子枪阴极；K_B—蓝色电子枪阴极；G1—调制栅极；
G_{1R}—红色电子枪调制栅极；G_{1G}—绿色电子枪调制栅极；G_{1B}—蓝色电子枪调制栅极；
$G2$—加速极；G_{2R}—红色电子枪加速极；G_{2G}—绿色电子枪加速极；
G_{2B}—蓝色电子枪加速极；G3—聚焦极；F—灯丝；N_C—空脚

图 3-46　常见彩色显像管引脚的排列图

　　彩色显像管均有凸耳，分为小凸耳和大凸耳，大凸耳中有一个电极，一般为聚焦极。对于"小凸耳"管，如果将"小凸耳"朝下，面对引脚，"小凸耳"左边第一脚为①脚，从①脚起顺时针数为①、②、③……对于"大凸耳"管，当中的一个电极一般是①脚，如果将"大凸耳"朝下，则左边第一脚即为②脚，从②脚起数法同上。但有个别"大凸耳"管左边第一脚为①脚，为避免弄错，在测试维修中英对照电原理图及有关资料进行分析判断。

3.7.3　分立解码系统电路分析

（1）解码系统小信号处理电路

　　长虹 SF2111 机型解码系统小信号处理电路原理图如图 3-47 所示，超级芯片有关各脚功能如表 3-18 所示。

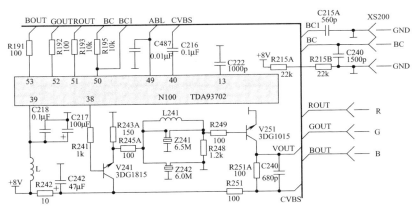

图 3-47　长虹 SF2111 机型解码系统小信号处理电路原理图

表 3-18　N100 超级芯片解码系统有关各脚功能

脚号	各脚功能	脚号	各脚功能
13	锁相环滤波器	50	消隐电流输入端
39	电源端（8V）	51	红基色信号输出端
38	中频信号输出端	52	绿基色信号输出端
40	CVBS 视频信号输入端	53	蓝基色信号输出端
49	束电流限制/场保护输入端		

在图 3-47 中，㊳脚输出的全电视视频信号，经 V241 射随器输出送至图像处理电路。在多制式彩电信号接收时，N100㊳脚输出的全电视视频信号就会有 PAL-D/K 制、PAL-I 制、NTSC-M 制等多种情况，因此在射随器输出后设置有多制式陷波器。陷波器的作用就是通像断音，即让图像信号通过，阻断音频信号，以防止不同的伴音信号干扰图像，如图中 Z241、Z242。其中：

① Z241 为 6.5MHz 陶瓷陷波器，主要用于滤出 PAL-D/K 制全电视视频信号中的 6.5MHz 伴音第二中频信号，只让视频信号（其中包含有色度信号）通过 L241 加至 V251，并由 V251 放大后分成两路输出：一路经 R251、C216 送至 N100 的㊵脚；另一路送至视频输出插口（图中未画出），向机外输出。

② Z242 为 6.0MHz 陶瓷陷波器，主要用于滤出 PAL-I 制全电视视频信号中的 6.0MHz 伴音第二中频信号，只让视频信号通过 L241 加至 V251，此后与步骤（1）的信号流程相同。

进入㊵脚的全电视视频信号，在芯片内部的处理过程是复杂的，但仅在⑬脚外接一只电容（C222），用于锁相环滤波。经内部放大、解调、分离与合成等一系列处理后，分别从芯片㉛脚、㉜脚、㉝脚输出红、绿、蓝三基色信号，在芯片外围分别经 R193、R192、R191 送至末级视放电路（尾板）。

（2）末级视放电路

末级视放电路通常组装在一块小电路板上，安装于显像管的尾部，根据所采用元器件的结构可分为两种形式：分离式和厚膜式。

长虹 SF2111 机型采用分离式末级视放电路，其原理图如图 3-48 所示。

长虹 SF2111 机型末级视放电路主要由放大管 VY01～VY09 等组成，VY03 与 VY08、VY09，VY02 与 VY06、VY07，VY01 与 VY04、VY05 分别组成互补对称式 R、G、B 三基色放大器，以激励显像管电子枪中的三个阴极（K_R、K_G、K_B）。VY03、VY02、VY01 分别用于 R、G、B 相互激励，以控制信号

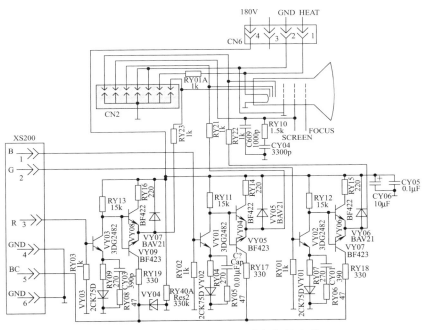

图 3-48　长虹 SF2111 机型末级视放电路

增益，同时又用作互补对称式放大器的动态偏置控制。电阻
RY23、RY22、RY21 分别用于 R、G、B 三基色信号功率输出，
分别与显像管 K_R、K_G、K_B 极相连；电阻 RY19、RY18、
RY117 分别用于 VY09、VY07、VY05 的射极电阻，同时又是黑
电平检测电流的取样电阻；VDY04 为 8.2V 稳压管，主要用于基
准电压钳位；CY05、CY06 为视放＋180V 供电的滤波电容；
VDY07、VDY06、VDY05 为开关二极管，正极端直接接在显像
管 K_R、K_G、K_B 三个阴极，负极端接入 180V 视放电压，主要起
保护作用，正常时截止，当由于某种原因，阴极电压出现尖峰打
火脉冲时，阴极电压升高，二极管（导通）击穿保护，将阴极电
压限制在视放电压以下。

　　灯丝电压通过插排 CN6 取自行辅助电源；高压（HF）、聚

集极电压（FOCUS）、加速极电压（SCREEN）都取自行辅助电源，其中 C609、RY10、CY04 组成加速极供电电压的退耦滤波电路。CN12 为显像管管座的放电间隙，若显像管电子枪内部各电极发生打火时，可通过放电间隙泄放打火电压，以保护视放电路。

3.7.4　集成视放电路分析

在 29 英寸大屏幕彩电中，常采用集成电路 TDA6107Q 等构成，如图 3-49 是长虹 PF29118 彩电末级视放电路图。

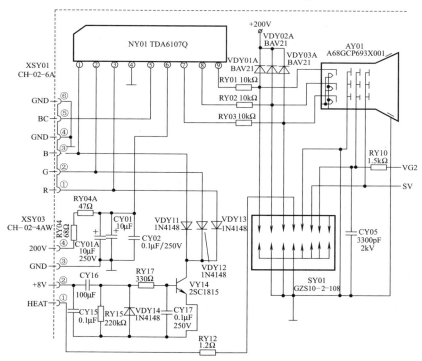

图 3-49　长虹 PF29118 彩电末级视放电路图

TDA6107Q 及尾板接线插口的引脚功能如表 3-19、表 3-20 所示。

表 3-19　TDA6107Q 引脚功能及电压值

引脚	符号	功能	交流/V		直流/V	
			静态	动态	静态	动态
1	IH1	G 信号反相输入	5.0	5.7	2.4	2.4
2	IN2	R 信号反相输入	5.0	5.6	2.4	2.6
3	IN3	B 信号反相输入	6.8	5.8	3.2	2.6
4	GND	地	0	0	0	0
5	OUT(BC)	黑电平检测电流输出	13.0	9.3	5.8	4.6
6	VP1	200V 末级视放电压输入	450.0	450.	200.0	200.0
7	FBK	B 信号功率输出	200.0	250.0	80.0	160.0
8	VP2	R 信号功率输出	310.0	250.0	170.0	140.0
9	V	G 信号功率输出	300.0	250.0	170.0	150.0

表 3-20　XPY01、XPY03 接线插口引脚功能

引脚	符号	功能
XPY01-1	NC	未用
XPY01-2	GND	地
XPY01-3	BC	黑电平检测电流输出
XPY01-4	GND	地
XPY01-5	B	蓝基色信号输入
XPY01-6	G	绿基色信号输入
XPY01-7	R	红基色信号输入
XPY03-1	195V	末级视放电压输入
XPY03-2	NC	未用
XPY03-3	GND	地
XPY03-4	8V	+8V 电压输入
XPY03-5	HEAT	灯丝电压输入

　　TDA6107Q 是飞利浦公司开发设计的，主要用于打屏幕彩电末级视频放大的集成电路。其内部设有 3 组视频输出放大器，可直

接驱动显像管的3个阴极，同时还设有电流自动检测输出功能，通过反馈环路已实现自动暗平衡调整控制。

在图3-49中，NY01（TDA6107Q）的①脚、②脚、③脚分别输入B、G、R基色信号，由超级芯片N100（OM8373PS）的(51)脚、(52)脚、(53)脚输出并通过XS200和XSY01接插件提供。⑤脚为BC黑电流检测输出，其输出电流通过XSY01、XS200接插件的⑤脚及R195加到N100的(50)脚，并送至IC内部的环路阴极电流校正电路，因此，在该机中，白平衡调整是在超级芯片电路内部由总线来完成的，故在采用了暗电流控制技术后，末级视放电路就不需要再做任何硬件调整。

由VY14和CY16、VDY11～VDY14等组成了关机亮点消除电路。

RY01、RY02、RY03和VDY01A、VDY02A、VDY03A组成末级视频放大器的保护网络，分别用于R、G、B三只放大器。当发生高压打火或因其他某种原因使阴极电流突然增高时，RY01、RY02、RY03的两端压降增高，迫使VDY01A、VDY02A、VDY03A正向导通，将较大的阴极电流通过＋200V电源泄放，同时也将阴极电平钳位，不使其超过＋200V，从而起到变化作用。因此，当出现NY01（TDA6107Q）击穿损坏故障时，除了检查＋200V电压是否升高外，还应特别注意VDY01A、VDY02A、VDY03A是否有开路故障。

3.8 AV/TV切换

长虹SF2111机型AV/TV切换电路如图3-50所示。

长虹SF2111机型AV/TV切换输入、输出电路信号流程如下：

① 用于DVD播放机输入的Y（亮度）信号和V、U（红、蓝）色差分量的色度输入信号。其中，Y信号从Yin插口输入，

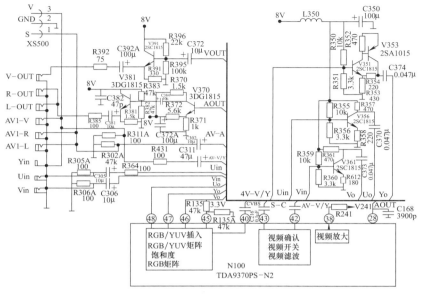

图 3-50　长虹 SF2111 机型 AV/TV 切换电路

通过 R311A、R431、C311 送至超级芯片 N100 的㊷脚；V 、U 色差分量的色度输入信号分别从 Vin、Uin 插口输入，分别通过 R306A、C306 与 R305A、C305、R364 送至 V356、V361 组成的缓冲放大器放大，放大后分别送至超级芯片 N100 的㊻脚、㊽脚。

② AV1 视频信号，它的输入插口（AV1-V）与左（AV1-L）、右（AV1-R）声道音频输入插口设置在机壳的后面板上，它与前面板视频、音频插排（XS500）共用一个通路，并通过 R311A、R431、C311 送至超级芯片 N100 的㊷脚；而左右声道音频信号合并为一路经 C302 送至超级芯片 N100 的㉟脚（图中未画出）。

外部 AV 输入信号在超级芯片 N100 内部受 I²C 总线控制与 TV 电视信号切换，切换选择后的视频信号从㊳脚输出，一方面送

113

至④脚内部；另一方面通过 C372 耦合、V391 射随、C392A、R392、V-OUT 插口向机外其他显示设备提供视频信号源；切换选择后的音频信号一方面从④脚输出（图中未画出）送至伴音功放电路；另一方面从㉘脚输出，通过 V370 放大、C384 耦合、V381 射随、R385、L-OUT、R-OUT 插口向机外输出，为其他音响设备提供音频信号源。

第 **4** 章

海尔OM8370超级
芯片彩电工作原理

本章主要介绍海尔 OM8370 超级芯片彩电工作原理，该产品型号主要有 21TA-T、21FA1-T、21T9D-T、21FV6H-A8、21FB1 等，本机整机工作原理图可参看附录。

4.1 电源电路工作原理 <<<

海尔 OM8370 超级芯片彩电电源电路工作原理图如图 4-1 所示。

当电源开关闭合后，交流 220V 市电经保险管 F810（3.15A）、抗干扰电路（C802A、L801）后，一路送至消磁电路，一路送至整流电路。在整流电路中，经整流二极管 VD811～VD814 整流后，经电容 C806 滤波后形成＋300V 左右的直流电压，通过开关变压器 T801 的①-④绕组加到厚膜集成电路 N801（FSCQ0765RT）的①脚。在刚开机时由交流电的单相电源经启动电阻 R803、R802 分压后给 N801 提供启动电压，开机后由 T801 的⑥-⑦绕组产生的脉冲经整流后提供。

开关变压器 T801 次级⑧脚输出的脉冲电压经 VD805、C816 整流滤波后得到的＋130V 直流电压为行输出级供电；⑬脚输出的

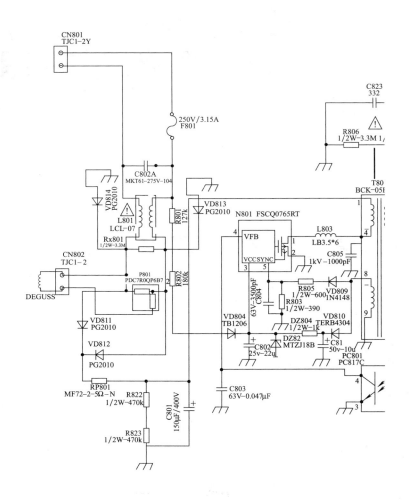

图 4-1 海尔 OM8370 超级芯片

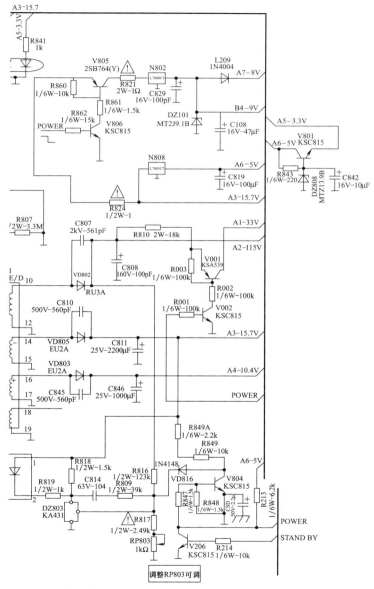

彩电电源电路工作原理图

脉冲电压经 VD807、C820 整流滤波后得到＋15V 直流电压为伴音功放电路供电；⑪脚输出的脉冲电压经 VD806、C818 整流滤波后得到＋12V 直流电压为副电源 N804 供电；由副电源稳压后从 N804 的⑧脚输出的＋8V 直流电压为 N201 解码电路供电，由＋12V 经电阻 R843、三极管 V801、二极管 DZ808 稳压得到的＋3.3V 直流电压为 N201 超级芯片供电；从⑨脚输出的＋5V 直流电压为存储器 N202 等电路供电。

光耦 N802 的作用是稳定控制，开关变压器 T801 输出的电压误差信息经光耦 N802 送至 N801 的④脚，从而调整 N801 的振荡参数。待机时，POWER（激励）信号为低电平，导致三极管 V803 截止，这样＋12V 电压经电阻 R849、二极管 VD816 加至光耦 N802 上，使其反馈给 N801 的④脚为一特定参数，从而使 N801 进入准谐振工作状态，此时 N801 的电源电压③脚在 11～12V，开关变压器 T801 输出的电压将大幅度下降，从而使待机功耗大大减小。

4.2 超级芯片OM8370功能

超级芯片 OM8370 功能如表 4-1 所示。

表 4-1　超级芯片 OM8370 功能

脚号	功　　能	脚号	功　　能
1	STANDBY　待机	8	VOL　音量控制
2	SCL　总线时钟信号	9	VSS C/P　数字地
3	SDA　总线数据信号	10	BAND　波段
4	VT　调谐电压输出	11	BAND　波段
5	KEY　键控信号输入	12	VSSA　模拟地
6	SYSTEM	13	SEC. PLL　锁相环滤波器
7	MUTE　静音	14	VP2　电源

脚号	功　　能	脚号	功　　能
15	DECD/G　数字电源滤波	40	CVPS. INT　视频信号输入端
16	PH2. LF　鉴相器滤波端 2	41	GND1　地
17	PH1. LF　鉴相器滤波端 1	42	CVBS/Y　外部 CVBS/Y 信号输入端
18	GND3　地	43	CHROMA　色度信号输入端
19	DEC. BG　滤波	44	AUD. OUT　音频信号输出端
20	EWD　水平枕形失真校正输出端	45	INSS. W2（BL）RGB/YUV　信号控制输入端
21	V. DRB　场激励信号输出端 B	46	R2/V. IN　红基色/V 信号输入端
22	V. BRA　场激励信号输出端 A	47	G2/Y. IN　绿基色/Y 信号输入端
23	IF. IN1　中频信号输出端 1	48	B2/U. IN　蓝基色/U 信号输入端
24	IF. IN2　中频信号输出端 2	49	BCL. IN　束电流限制/场保护输入端
25	I. REF　基准电流参考端		
26	V. S. C　场锯齿波形成端	50	BLK. IN　消隐电流输入端
27	TUNER. AGC　高放 AGC 电压输出端	51	R. OUT　红基色输出
		52	G. UOT　蓝基色输出
28	AU. DEEM　伴音滤波	53	B. OUT　绿基色输出
29	DECS. DEM　伴音解调滤波		
30	GND2　地 2	54	VDD. A　电源端
31	SND. PLL　伴音锁相环滤波	55	VPE　地
32	AVL　滤波	56	VDD. C　数字电源
33	H. OUT　行激励脉冲信号输出端	57	OSC. GND　地
34	F. B. L. SO　行反峰脉冲输入/沙堡脉冲信号输出端	58	XTAL. IN　时钟振荡信号输入端
		59	XTAL. OUT　数字振荡信号输出端
35	AUO. EXT　外部音频信号输入端		
36	EHTO　超高压保护输入端	60	RESET　复位
37	PLL. IF　中频锁相环滤波端	61	VDDP　数字电路电源
38	IF. VO/SVO　中频信号输出端	62	AV/AV1　AV/AV1 信号控制
39	VP1　电源	63	AV/SVHS　信号切换控制
		64	INT. REM

　　超级芯片 OM8370 电路原理图如图 4-2 所示。

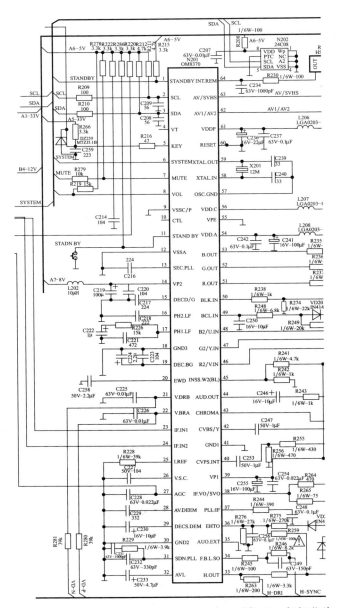

图 4-2 超级芯片

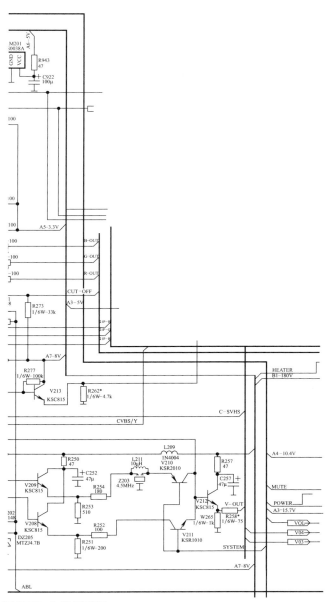

OM8370 电路原理图

4.3 公共通道电路工作原理 ⟨⟨⟨

　　超级芯片 OM8370 公共通道电路工作原理如图 4-3 所示。

4.3.1　高频头

　　高频头供电电路及信号流程如下。

　　③脚、⑩脚接地。＋B 供电流程：B4-12V→C422、C108 滤波→BZ101 稳压为 9.1V→R104、L102→R110→C101、C102 滤波→DZ102 稳压为 5.1V→B+。

　　调谐电压供电：A1-33V 经过 DZ201 稳压、C201 和 C202 滤波送至高频头的 BT 端子。

　　AGC 供电电压：N201 的⑰脚→R227、R261→C107 滤波→高频头的①脚。

　　SCL 流程：N201 的②脚→C209、R209→R236→高频头的④脚。

　　SDA 流程：N201 的③脚→C208、R210→R235→高频头的⑤脚。

4.3.2　公共通道电路

　　高频电视信号经天线接收（或有线电视馈入）至高频调谐器 TU101 的天线输入端子，信号在高频调谐器内部，通过总线控制进行调谐选台、高频放大、混频处理后，从 TU101 的 IF 端子输出 38MHz 的图像中频和 31.5MHz 的伴音中频信号，由电容 C110 耦合经预中放 V101 放大后送至声表面波滤波器 SF101，经声表面波对伴音载频深度陷波后的中频信号送至超级芯片 N201 的㉓脚和㉔脚。高放自动增益 AGC 由总线控制从超级芯片 N201 的⑰脚输出，控制高频调谐器的增益。

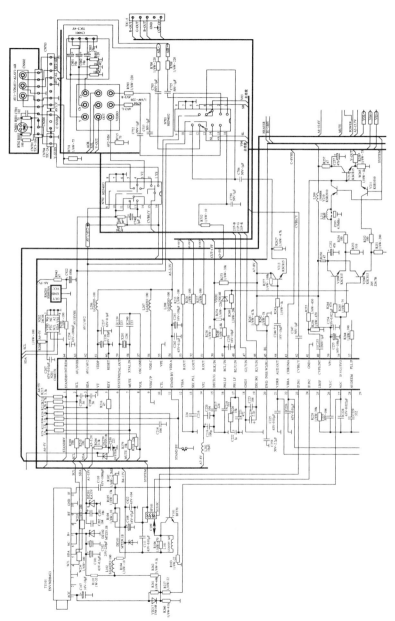

图 4-3 超级芯片 OM8370 公共通道电路工作原理

视频彩色全电视信号 IF 从超级芯片 N201 的㊳脚输出，经三极管 V208 射极跟随器后，送至 V211。经 V211 得到的视频信号，一路通过电阻 R255、R256 调整信号幅度后经电容 C253 送回超级芯片 N201 的㊵脚，另一路经三极管 V212 射极跟随器后，用作 AV 输出。AV 信号的视频信号和 S 端子信号中的 Y 信号并联经电容 C247 耦合后送至超级芯片 N201 的㊷脚；S 端子的 C 信号直接送至超级芯片 N201 的㊸脚。DVD 分量端子 Y、U、V 信号分别经电容 C001、C002、C003 耦合，再经三极管 V002、V004、V003 放大后，再分别经电容 C003、C007、C004 输入超级芯片 N201 的㊻、㊼、㊽脚。

4.4 扫描电路工作原理

4.4.1 行扫描电路工作原理

行扫描电路工作原理如图 4-4 所示。行振荡电路在超级芯片的内部，因此不需要外接行振荡元器件，振荡频率受 PH-1 检测器控制。包含复合同步的亮度信号，一路被送至内部的同步分离电路，经同步分离电路分离出行同步脉冲和场同步脉冲，其中行同步脉冲信号送至 PH-1 检测器。PH-1 检测器的作用是使行振荡频率与输入信号的频率保持同步。超级芯片 N201 的⑰脚外接的电容 C221、电阻 R226 及电容 C222 为 PH-1 锁相环路滤波器。经 PH1 检测器校正的行振荡信号送至 PH-2 检测器，PH-2 检测器的作用是稳定和控制输出的行激励脉冲的相位。保证行线性和行中心不变。超级芯片⑯脚外接的电容 C218 为 PH-2 检测器滤波电容。行激励信号从超级芯片 N201 的㉝脚输出送至行激励三极管 V402，再经行输出开关管 V403 开关放大后推动行偏转线圈产生磁场，控制电子束进行水平方向扫描。电容 C414、C415、C427 为行逆程电容，电容 C406 为行 S 校正电容，电感 L 为行线性电感。E-W 几何校正信号从超级芯片的⑳脚输出，然后从 N301 的⑫脚输入，经整形后，由 N301 的⑪脚输出，经三极管 V401 放大后提供电容 C403 和电感 L401 波形处理后，加到行扫描电路上，进行东西方向的几何校正。VD404A、VD404B 为阻尼二极管，T444 为行输出变压器。VD202、R275、R276、R259、C256 组成了高压跟踪电路，用来补偿因亮度变化引起的高压变化，从而自动校正图像几何尺寸随高压的变化。R419、R249、VD201、R248、C250 组成束电流限制电路。行输出变压器的⑨脚和⑧脚输出的行逆程脉冲分别经整流、滤波得到＋16.5V 和＋46V 的直流电压馈送至 N301 的④脚和⑧脚为场输出厚膜集成电路的正程和逆程供电，＋16.5V 再经 N401 稳压得到＋12V 的直流电压为高频调谐器 TU101、预中放 N101 等小信号处理电路供电；⑦脚输出 6.3V 灯丝电压；①脚为 N201 提供行同步信号；⑤脚输出的行逆程脉冲经整流、滤波得到＋180V 的直流电压为视频放大电路供电。

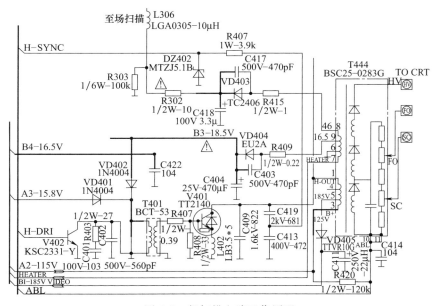

图 4-4　行扫描电路工作原理

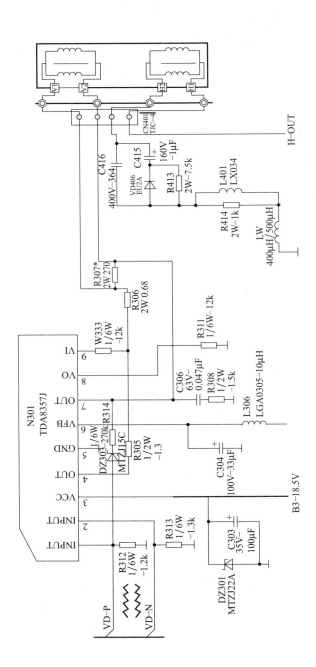

图 4-5 场扫描电路工作原理

4.4.2 场扫描电路工作原理

场扫描电路工作原理如图 4-5 所示，场厚膜 TDA8357 引脚参数如表 4-2 所示。

表 4-2 场厚膜 TDA8357 引脚参数

脚号	功　　能	电压/V	脚号	功　　能	电压/V
1	场激励信号正相输入 VDP	2.24	6	输入回程供电电压 VFB	43.20
2	场激励信号正相输入 VDN	2.20	7	输出电压 A	7.7
3	电源 VCC	15.5	8	保护输出电压	0.35
4	输出电压 B	7.5	9	输入反馈电压	7.5
5	地	0			

从复合同步信号中分离出的场同步信号用来触发场分频系统，当检测到一定数目的场同步脉冲信号后，场分频系统开始工作。经分频得到的场同步脉冲一路送至沙堡脉冲发生器与行反馈信号共同产生电路所需的沙堡脉冲；另一路送至场锯齿波发生器，经几何处理的场频锯齿波从超级芯片 N201 的㉑脚和㉒脚输出至场输出电路 N301 的①脚和②脚。

超级芯片 N201 的㉕脚外接电阻 R228 为场锯齿波发生器提供参考电流，㉖脚的外接电容 C227 为场锯齿波形成电容。场输出集成电路 N301 为全桥式电流推动输出电路，其输出形式为桥式输出，场偏转线圈直接被连接在放大器中间。从超级芯片 N201 的㉑脚和㉒脚输出的正负极性锯齿波信号对称输出至 N301 的①脚和②脚，经 TDA8357 整形、放大后从④脚⑦脚输出。改变电阻 R312、R313 的阻值可以改变场输出电流的大小。TDA8357 由双电源供电，其正程和逆程电源均有行输出变压器 T444 输出的行逆程脉冲经整流、滤波获得，分别为 +16.5V 和 +46V。

4.5 伴音功放电路工作原理

伴音功放由集成电路 AN7522N 及外围元件组成，AN7522N

是一块具有静音及直流音量控制功能的双声道立体声功放集成电路，输出功率为 3W＋3W。AN7522N 的伴音输出为 BTL 方式，输出电路无耦合电容；适应电压范围宽（6～13V）；具有短路保护、过载保护功能。集成电路 AN7522N 各脚功能如表 4-3 所示。

表 4-3　集成电路 AN7522N 各脚功能

脚号	功　　能	电压/V	脚号	功　　能	电压/V
1	10V 电源	11.5	7	地	0
2	右声道伴音输出	4	8	左声道音频信号输入	1.5
3	地	0	9	音量控制	0.5
4	右声道伴音输出	4	10	左声道伴音输出	4.4
5	MUTE(静音)信号输入	3	11	地	0
6	右声道音频信号输入	1.5	12	左声道伴音输出	4.3

伴音功放电路工作原理图如图 4-6 所示。

A4 电源 10.4V 通过电阻 R815、电容 C610 滤波，加到伴音功放 N601 的①脚，给其供电。

左右声道的伴音信号从电子开关 N703 的③脚和⑬脚输出，分别经过 R605、R606 和 R610、R611 调整，然后又通过 C612 和 C604 分别从伴音功放集成电路 N601 的⑥脚和⑧脚耦合输入，经放大后从②脚、④脚和⑩脚、⑫脚正负输出，直接驱动喇叭发出声音。

在待机时，超级芯片 N201 的①脚输出低电平，经电阻 W610 送至 N601 的⑤脚，⑤脚通过其内部电路而关闭音频输出，达到静音的目的。

当观看者操作静音时，超级芯片 N201⑦脚输出的静音信号是低电平，送至三极管 V622 的基极，V622 导通，进而拉低 N601 的⑤脚电位，⑤脚通过其内部电路而关闭音频输出，达到静音的目的。

音量控制电路由三极管 VD620、V621 及 R620、R621、R622、R623、C620、C621、VD620 等组成。信号流程：N601 的⑧脚→R218、R233→C621、V621→N601 的⑧脚。

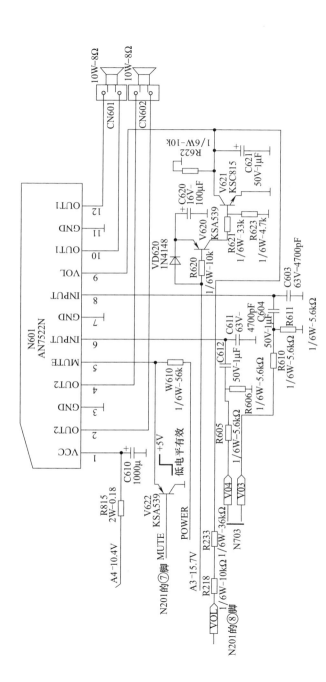

图 4-6 伴音功放电路工作原理图

边学边修彩色电视机

4.6 解码视放电路工作原理 ≪≪≪

4.6.1 解码视放电路

解码视放电路工作原理图如图 4-7 所示。

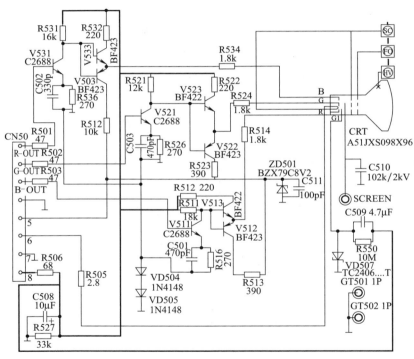

图 4-7　解码视放电路工作原理图

视放电路的供电（图 4-7 中没有画出）：行输出变压器的⑤脚脉冲经 VD405 整流、C411 滤波，得到 B1＋180V 直流电压（图 4-7 中没有画出），经插排 TJC-3 的 3 脚、CN50 的 8 脚经电阻 R506 送至视放级的供电电阻 R531、R532、R521、R522、R511、R512。

视频放大电路由三极管 BF420 和 BF421 及其阻容元件组成。来自超级芯片 N201 的⑤①、⑤②、⑤③脚输出的 R、G、B 信号分别通过电阻 R237、R236、R235（图中没有画出）、插排 TJC-5、CN50 的①、②、③脚，电阻 R501、R502、R503 送至 V531、V521、V511 的基极，分别对输入的 R、G、B 三基色信号进行放大，并从 V533、V523、V513 发射极输出送至显像管的阴极。

显像管灯丝电压经插排 TJC-3 的①脚送至 CN50 的⑥脚，经限流电阻 R505 送至显像管灯丝。

消隐电流经插排 CN50 的⑤脚、TJC-5、R238 送至超级芯片 N201 的⑤①脚。

图中电阻 R527、R550、电容 C508、C509 和二极管 VD507 为关机亮点消除电路。

4.6.2 关机消亮点电路

显像管若长时间出现关机亮点，就可能烧坏该点的荧光粉，会造成永久黑斑，因此，一般解码视放级都设置有关机消亮点电路。

（1）泄放型消亮点电路

图 4-8 是长虹 CH-12 机芯采用的泄放型消亮点电路。其工作原理是：在正常工作时，+9V 电源对 C906 和 C907 充电，前者充

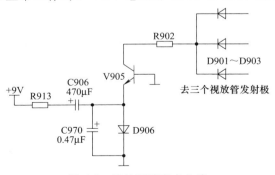

图 4-8 泄放型消亮点电路

得约为 8.5V，后者充得约为 0.5V，V905 基极接地，所以反偏截止，不影响视放管的工作。当关机时，＋9V 快速降至 0V，C906 左端电压也随之下降，因 C906 容量较大，放电电阻 R913 也较大，无法立即泄放而继续保持左高右低的电压，使得 V905 发射极相对基极为负电压，并提供 V905 饱和所需基极电流，V905 立即饱和导通，集电极降为低电位，由于三个视放管的发射极经 D901、D902、D903 和 R902 接入 V905 的集电极，所以三个视放管也因发射极电位降低而饱和导通，其集电极电流急剧增大，与之相连接的显像管三个阴极电流瞬时增加，使显像管玻壳内外壁形成的高压电容所存储的电荷在行场偏转磁场未消失前很快泄放掉，高压也快速消失，达到关机亮点消除的目的。

（2）截止型消亮点电路

图 4-9 是康佳 S 机芯系列彩电的截止型消亮点电路，工作原理如下。

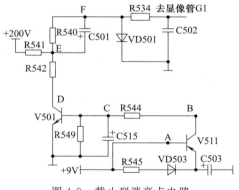

图 4-9　截止型消亮点电路

正常工作时，＋9V 电压经 VD503 对 C503 充电，C503 获得上正下负 8.5V 的电压，V511、V510 反偏截止；又因为 R540 远大于 R541、＋200V 经 R541 对 C501 充电到约 200V；C502 受 VD501 钳位作用而充电至约 0.6V，显像管栅极 G1 就保持为 0.6V，消亮点电路对显像管工作无影响。

当关机时，9V 和 200V 电源迅速降低，但 C501 和 C503 两端电压由于其放电回路电阻较大而不会立即消失，使得电路发生了如下变化过程：9V 降低→U_A 降低→C503 正端电压使 V511 饱和导通→U_B 上升→U_C 上升→V510 饱和导通→U_D 降为约 0V→U_E 也降为 0V，因 C501 两端电压不能突变→U_F 降至约－200V→U_G 即显像管栅极 G1 也降为－200V→三个阴极被截止，VD501 截止实现关机消亮点。上述过程持续 2～3min，直到 C503 和 C501 放电完毕，三个阴极冷却到不能再发射电子为止。

第 **5** 章

常用维修工具及仪表的使用方法

对于一个维修彩电的技术人员来讲，除了应具备分析电路原理的能力外，还应熟练掌握常用维修工具及仪器的正确使用、技巧及注意事项，只有掌握了检测工具的使用和调整，才能进行基本的电路测试，才能对电路进行检测和维修。本章主要讲述电烙铁、万用表、拆焊工具等的正确使用和技巧。

5.1 焊接、拆焊工具

常用的手工焊接工具是电烙铁。它是用电来加热电阻丝或PTC加热元件，并将以发热量传递给烙铁头来实现焊接，尤其是彩电维修过程中，常需要更换元器件和导线，所以需要拆除原焊点。

5.1.1 电烙铁及焊锡

电烙铁的种类很多，根据其功能及加热方式常见的电烙铁有以下几种。

（1）内热式电烙铁

内热式电烙铁的外形结构如图 5-1 所示，由烙铁头、烙铁芯、连接杆、手柄和电源线等几部分组成。

由于烙铁芯（发热元件）装在烙铁头里面，故称为内热式电烙铁。

烙铁头的一端是一段空心的，它套在连接杆外面（内装烙铁芯），用弹簧夹紧固；另一端是工作面，常见烙铁头形状有尖锥形、斜面形、一字平口形、平口斜面形等，几种常见烙铁头的形状如图5-2所示。

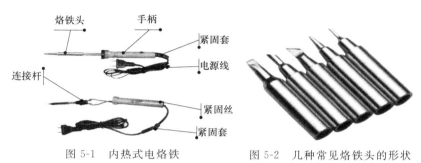

图 5-1　内热式电烙铁　　　　　图 5-2　几种常见烙铁头的形状

内热式电烙铁具有体积小、重量轻、价格低、发热快和耗电低等优点，但连续熔焊能力差。一般彩电维修都用20W、35W等几种内热式电烙铁。如果烙铁功率过大，温度太高，则易烫坏元器件或使印制的铜箔脱落；如果烙铁功率太小，温度过低，则焊锡不能充分熔化，会造成焊点不光滑，所以在使用时应合理选择烙铁的功率。

（2）外热式电烙铁

外热式电烙铁外形如图5-3所示，由烙铁头、烙铁芯、外壳、手柄和电源线等部分组成。

外热式烙铁头安装在烙铁芯里面，故称为外热式电烙铁。外热式连续熔焊能力强，但热能消耗大即耗电较多。

（3）调温式电烙铁

调温式电烙铁也附加有一个功率控制器，使用时可以通过改变供电的输入功率达到调温的目的，可控温度范围一般在100～

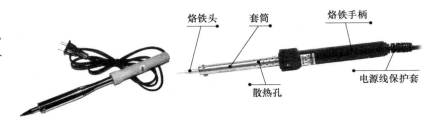

图 5-3　外热式电烙铁

400℃，配用的烙铁头为铜镀铁烙铁头（俗称长寿头）。调温式电烙铁的外形图如图 5-4 所示。

（4）焊锡

目前在一般电子产品的维修焊接中，主要使用锡铅焊料，一般俗称焊锡。

焊锡的种类较多，手工烙铁焊接经常使用管状焊锡丝（又称线状焊锡）。管状焊锡丝由助焊剂与焊锡制作在一起做成管状，焊锡管中夹带固体助焊剂，如图 5-5 所示。助焊剂一般选用特级松香为基质材料，并添加一定的活化剂。

图 5-4　调温式电烙铁外形图

图 5-5　锡丝

管状焊锡丝的直径常有 0.5mm、0.8mm、1.2mm、1.5mm、2.0mm、2.3mm、2.5mm、4.0mm 和 5.0mm。另外，还有扁带状、球状、饼状等形状的成型焊料。

助焊剂有助于清洁被焊接面，防止氧化，增加焊料的流动性，使焊点易于成形，提高焊接质量。

除此之外，使用前还应准备烙铁架，如图 5-6 所示。烙铁架的好处有：可以放置工作中的烙铁；烙铁暂时不用时，有利于散热，烙铁头不易烧死；确保安全性，不易引起烫伤物品或火灾；架板（选用坚硬的木质）部分可用作工作台面，用以刮、烫元器件；有松香槽，方便助焊。焊锡槽方便盛装剩余的焊锡和烙铁用锡。因此，烙铁架也是必备的。

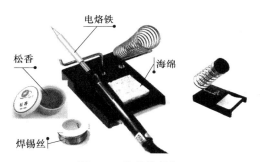

图 5-6　几种烙铁架

5.1.2　电烙铁焊接工艺

（1）焊前焊件的处理

在进行焊接前，应对需焊元器件的引脚或电路板的焊接部位进行焊前处理，为焊点形成创造必要条件，通常有"刮"、"镀"、"测"三个步骤。

① 刮。"刮"就是在焊接前做好焊接部位的表面清洁工作。熔融焊料要有良好的润湿金属表面，其中重要条件之一就是被焊金属材料表面要保持清洁，可以使焊锡和被焊金属结合充分，形成合金层。一般采用刮的工具是小刀、细砂纸或废旧钢锯条（用折断后的断面）等。

② 镀。"镀"就是在刮净的元器件部位镀锡。镀锡和焊接都要借助焊剂，助焊剂在加热熔化时可溶解被焊金属表面氧化物及污垢，使焊接表面清洁，从而使被焊金属和焊锡能够牢固地结合。电

子维修常选用松香或松香酒精溶液作为助焊剂。镀锡的具体做法是：发热的烙铁头蘸取松香少许（或松香酒精溶液涂在镀锡部位），再迅速从贮锡盒粘取适量的锡珠，快速将带锡的热烙铁头压在元器件上，并转动元器件，使其均匀地镀上一层很薄的锡层。

③ 测。"测"就是在镀锡之后，利用万用表检测所有镀锡的元器件是否质量可靠，若有质量问题或已损坏的元器件，应用同规格元器件替换。

（2）焊接技术

手工焊接方法常有送锡法和带锡法两种。

① 送锡焊接法。送锡焊接法，就是右手握持电烙铁，左手持一段焊锡丝而进行焊接的方法。送锡焊接法的焊接过程通常分成五个步骤，简称"五步法"，如图5-7所示，具体操作步骤如下。

第1步：准备施焊。

准备阶段应观察烙铁头吃锡是否良好，焊接温度是否达到，插装元器件是否到位，同时要准备好焊锡丝，如图5-7（a）所示。

第2步：加热焊件。

右手握持电烙铁，烙铁头先蘸取少量的松香，将烙铁头对准焊点（焊件）进行加热。加热焊件就是将烙铁头给元器件引脚和焊盘"同时"加热，并要尽可能加大与被焊件的接触面，以提高加热效率、缩短加热时间，保护铜箔不被烫坏，如图5-7（b）所示。

第3步：熔化焊料。

当焊件的温度升高到接近烙铁头温度时，左手持焊锡丝快速送到烙铁头的端面或被焊件和铜箔的交界面上，送锡量的多少，根据焊点的大小灵活掌握。如图5-7（c）所示。

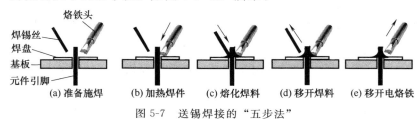

图 5-7 送锡焊接的"五步法"

第 4 步：移开焊锡。

适量送锡后，左手迅速撤离，这时烙铁头还未脱离焊点，随后熔化后的焊锡从烙铁头上流下，浸润整个焊点。当焊点上的焊锡已将焊点浸湿时，要及时撤离焊锡丝，不要让焊盘出现"堆锡"现象，如图 5-7 （d）所示。

第 5 步：移开电烙铁。

送锡后，右手的烙铁就要做好撤离的准备。撤离前若锡量少，再次送锡补焊；若锡量多，撤离时烙铁要带走少许。烙铁头移开的方向以 45°为最佳，如图 5-7 （e）所示。

② 带锡焊接方法。带锡焊接法是单手操作，就是右手握持电烙铁，烙铁头在焊接前要自带锡珠而焊接的方法，如图 5-8 所示。具体操作步骤如下。

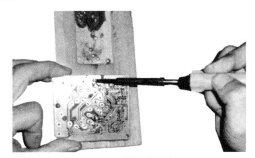

图 5-8 带锡焊接法

a. 烙铁头上先蘸适量的锡珠，将烙铁头对准焊点（焊件）进行加热。

b. 当铁头上熔化后的焊锡流下时，浸润到整个焊点时，烙铁迅速撤离。

c. 带锡珠的大小，要根据焊点的大小灵活掌握。焊后若焊点小，再次补焊；若焊点大，用烙铁带走少许。

5.1.3 拆焊工具及使用

常见的拆焊工具——吸锡器，有以下几种：医用空心针头、金属编织网、手动吸锡器、电热吸锡器、电动吸锡枪、双用吸锡电烙铁等几种。

(1) 医用空心针头

医用空心针头外形和吸锡方法如图 5-9 所示。使用时，要根据元器件引脚的粗细选用合适的空心针头，常备有 9～24 号针头各一只，操作时，右手用烙铁加热元器件的引脚，使元件引脚上的锡全部熔化，这时左手把空心针头左右旋转刺入引脚孔内，使元件引脚与铜箔分离，此时针头继续转动，去掉电烙铁，等焊锡固化后，停止针头的转动并拿出针头，就完成了脱焊任务。

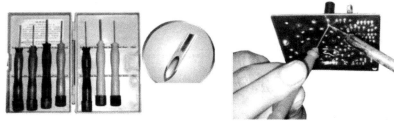

(a) 各型号空心针头　　　　　　　(b) 吸锡方法

图 5-9　医用空心针头外形和吸锡方法

(2) 金属编织网

金属编织网法如图 5-10 所示，方法是用金属编织线或多股铜线作为吸锡器，先用电烙铁把焊点上的锡熔化，使锡转动移到编织网线或多股铜线上，并拽动网线，各脚上的焊锡即被网线吸附，从而使元件的引脚与线路脱离。当网线吸满锡后，剪去已吸附焊锡的

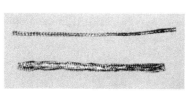

(a) 金属编织网　　　　　　　(b) 金属编织网法吸锡

图 5-10　金属编织网吸锡法

网线。金属编织吸锡网市场有专售，也可自制，自制方法是：取一段钢丝网（如屏蔽网），拉直后浸上松香即可。

（3）手动吸锡器

手动吸锡器的外形如图 5-11 （a）所示，使用时，先把吸锡器末端的滑杆压入，直至听到"咔"声，则表明吸锡器已被锁定。再用烙铁对焊点加热，使焊点上的焊锡熔化，同时将吸锡器靠近焊点，按下吸锡器上面的按钮即可将焊锡吸上，如图 5-11 （b）所示。若一次未吸干净，可重复上述步骤。在使用一段时间后必须清理，否则内部活动的部分或头部被焊锡卡住。

(a) 手动吸锡器外形   (b) 手动吸锡器操作方法

图 5-11　手动吸锡器及操作方法

5.1.4　热风拆焊器

热风拆焊器是新型锡焊工具，主要由气泵、印刷电路板、气流稳定器、外壳和手柄等部件组成。它用喷出的高热空气将锡熔化，优点是焊具与焊点之间没有硬接触，所以不会损伤焊点与焊件，最适合高密度引脚及微小贴片元件的焊接。几款拆焊器外形如图 5-12 所示。

图 5-12　星光系列拆焊器

星光全系列防静电拆焊设备包括了85X系列热风拆锡器，90X系列多功能SMD维修系统，80X系列电动真空吸锡枪，93X系列精密恒温防静电焊台共四个系列。

SUNKKO 903SMD维修系统外形图如图5-13所示。它由热风拆锡器、精密恒温电烙铁和电动真空吸锡枪三部分集合而成，各部分既可独立亦可同时工作，均为防静电式设计。整机面板设有一个电源开关、三个功能开关，电源开关为系统主控开关。

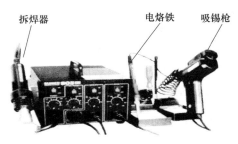

拆焊器　　　电烙铁　　吸锡枪

图5-13　星光牌903热风拆焊器

（1）焊接技巧

① 在焊接时，根据具体情况可选用电烙铁或热风枪。通常情况下，元件引脚少、印刷板布线疏、管脚粗等选用电烙铁；反之，则选用热风枪。

② 在使用热风枪时，一般情况下将风力旋钮（AIR CAPACITY）调节到比较小的位置（2～3挡），将温度调节旋钮（HEATER）调节到刻度盘上5～6挡的位置。

③ 以热风枪焊接集成电路（集成块）为例，把集成电路和电路上焊接位置对好，若原焊点不平整（有残留锡点）选用平头烙铁修理平整。先焊四角，以固定集成电路，再用热风焊枪吹焊四周。焊好后应注意冷却，在无冷却前不要去动集成电路，以免其发生位移。冷却后，若有虚焊，应用尖头烙铁进行补焊。

（2）拆卸技巧

在拆卸时根据具体情况可选用吸锡器或热风枪。

以热风枪拆卸集成电路为例，步骤如下。

① 根据不同的集成电路选好热风枪的喷嘴，然后往集成电路的引脚周围加注松香水。

② 调好热风温度和风速。通常经验值为温度300℃，气流强度

$3\sim4\mathrm{m/s}$。

③ 当热风枪的温度达到一定程度时，把热风枪头放在需焊下的元件上方大概 2cm 的位置，并且沿所焊接的元件周围移动。待集成电路的引脚焊锡全部熔化后，用镊子或热风枪配备的专用工具将所集成电路轻轻用力提起。

5.2　万用表

5.2.1　MF47 型万用表面板介绍

MF47 型万用表外形结构如图 5-14 所示。MF47 型万用表正面上部是微安表，中间有一个机械调零螺钉，用来校正指针左端的零位。下部为操作面板，面板中央为测量选择、转换开关，右上角为欧姆挡调零旋钮，右下角有 2500V 交直流电压和直流 5A 专用插孔，左上角有晶体管静态直流放大系数检测装置，左下角有正（红）、负（黑）表笔插孔。

刻度盘与开关指示印刷成红、绿、黑三色，二盘颜色分别按交

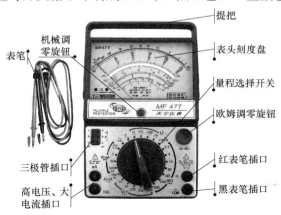

图 5-14　MF47 型万用表外形结构

143

流红色，晶体管绿色，其余黑色对应制成，使用时读取示数便捷。刻度盘共有六条刻度，从上往下依次是：第一条专供测电阻用；第二条供测交流电压、直流电流之用；第三条供测晶体管放大倍数用；第四条供测电容用；第五条供测电感之用；第六条供测音频电平。刻度盘上装有反光镜，用以消除视差。MF47 型万用表刻度盘如图 5-15 所示。

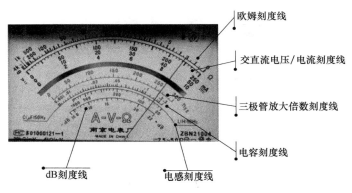

图 5-15　MF47 型万用表刻度盘

5.2.2　指针式万用表使用前的准备工作及注意事项

（1）使用前的准备工作

① 根据表头上"⊥"或"Ⅱ"、"→"符号的要求，将万用表按标度尺放置在垂直或水平位置。

② 检查表针是否停在表盘左端的零位。若不在零位，用小螺丝刀轻轻转动表头上的机械调零旋钮，使表针指在零位。

③ 正确插接表笔。红表笔的插头应插接在"＋"号或专用插孔上，黑表笔的插头应插接在"－"或"＊"号的插孔上。

④ 检查电池电量。将量程选择开关拨到电阻 R×1 挡上，短接黑红表笔，若进行"欧姆调零"后，万用表指针仍不能调节到刻度线右边的零位，说明电池电压不足，需要换新电池。

（2）使用中的注意事项

① 测量电阻时，元器件或电路不能在带电的情况下进行（万用表提供的电流除外），否则，造成万用表的损坏。

② 在测量交直流电压时，两表笔应并联接入；测直流电压时，红表笔接被测电路的高电位（正极），黑表笔接被测电路的低电位（负极）。

③ 在测量直流电流时，两表笔应串联接入，且红表笔接被测电路的高电位（正极），黑表笔接被测电路的低电位（负极）。

④ 在测量过程中，严禁拨动量程开关。确实需要转换量程开关时，至少一表笔应脱离被测电路。

⑤ 在测量过程中，严禁手指触碰测试棒的金属部分，以保证安全和测量的准确。

⑥ 选择适当的量程。根据被测电路参量的大致范围，将转换开关拨至适当的位置或适当的量程上。当估算不出被测电路参量时，应先大量程估测。最好使指针指示在满刻度的 1/2 或 2/3 以上，这样测量时的结果比较准确。

（3）保养

① 万用表使用完毕后，如果没有空挡，应将量程转换开关置于最高交流电压挡；如果有空挡（"﹡"或"OFF"），则应拨至该挡，该挡能将表头短路，起到阻尼和防振的作用。

② 万用表长期不用时，应将表内电池取出，以防电池电解液渗漏而腐蚀内部电路。

5.2.3　标度尺读法及电阻、电压、电流的测量

（1）标度尺读法

MF47 型万用表标度尺读法示例如图 5-16 所示。

（2）电阻的测量

电阻测试示例如图 5-17 所示。

① 选择量程倍率。万用表的欧姆挡通常设置多量程，一般有 R×1、R×10、R×100、R×1k 及 R×10k 五挡量程。欧姆刻度线

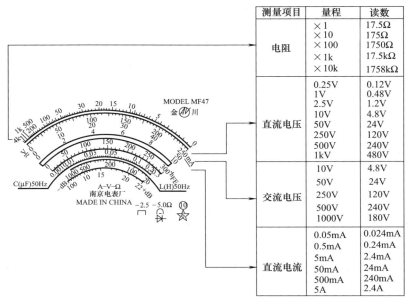

测量项目	量程	读数
电阻	×1	17.5Ω
	×10	175Ω
	×100	1750Ω
	×1k	17.5kΩ
	×10k	1758kΩ
直流电压	0.25V	0.12V
	1V	0.48V
	2.5V	1.2V
	10V	4.8V
	50V	24V
	250V	120V
	500V	240V
	1kV	480V
交流电压	10V	4.8V
	50V	24V
	250V	120V
	500V	240V
	1000V	180V
直流电流	0.05mA	0.024mA
	0.5mA	0.24mA
	5mA	2.4mA
	50mA	24mA
	500mA	240mA
	5A	2.4A

图 5-16　MF47 型万用表标度尺读法示例

是不均匀的（非线性），为了减小误差，提高精确度，应合理选择量程，使指针指在刻度线的 $1/3$～$2/3$，选择量程倍率示意图如图 5-17（a）所示。

　② 欧姆调零。选择量程后，应将两表笔短接，同时调节"欧姆调零旋钮"，使指针正好指在欧姆刻度线右边的零位置。若指针调不到零位，可能是电池电压不足或其内部有问题。

　每选择一次量程，都要重新进行欧姆调零，欧姆调零示意图如图 5-17（b）所示。

　③ 读数。测量时，待表针停稳后读取读数，然后乘以倍率，就是所测电阻值，读数示意图如图 5-17（c）所示。

　（3）直流电压的测量

　直流电压测试示例如图 5-18 所示。

　① 选择量程。万用表直流电压挡标有"V"，通常有 2.5V、

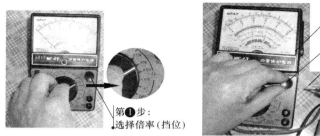

第**❶**步:
选择倍率(挡位)

(a) 选择倍率(挡位)

第**❷**步:
欧姆调零

②调零

①短路两表笔

(b) 欧姆调零

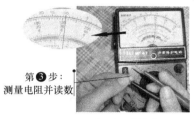

第**❸**步:
测量电阻并读数

(c) 测量电阻并读数

图 5-17 电阻测试示例

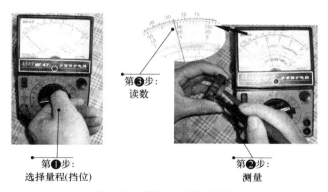

第**❸**步:
读数

第**❶**步:
选择量程(挡位)

第**❷**步:
测量

图 5-18 直流电压测试示例

10V、50V、250V、500V 等不同量程,选择量程时应根据电路中的电压大小而定。若不知电压大小,应先用最高电压挡量程,然后逐渐减小到合适的电压挡。

② 测量方法。将万用表与被测电路并联,且红表笔接被测电

路的正极（高电位），黑表笔接被测电路的负极（低电位）。

③ 正确读数。待表针稳定后，仔细观察标度盘，找到相对应的刻度线，正视线读出被测电压值。

（4）交流电压的测量

交流电压测试示例如图 5-19 所示。

交流电压的测量与上述直流电压的测量相似，不同之处为：交流电压挡标有"$\underline{\vee}$"。通常有 10V、50V、250V、500V 等量程；测量时，不区分红黑表笔，只要并联在被测电路两端即可。

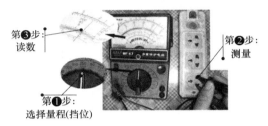

第❸步：读数

第❷步：测量

第❶步：选择量程(挡位)

图 5-19 交流电压测试示例

（5）直流电流的测量

直流电流测试示例如图 5-20 所示。

① 选择量程。万用表直流电流挡标有"mA"，通常有 1mA、10mA、100mA、500mA 等量程，选择量程时应根据电路中的电流大小而定。若不知电流大小，应先用最高电流挡量程，然后逐渐减小到合适的电流挡。

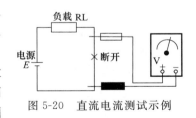

图 5-20 直流电流测试示例

② 测量方法。将万用表与被测电路串联。应将电路相应部分断开后，将万用表表笔串联接在断点的两端。红表笔接在和电源正极相连的断点，黑表笔接在和电源负极相连的断点。

③ 正确读数。待表针稳定后，仔细观察标度盘，找到相对应的刻度线，正视线读出被测电流值。

5.3 常用其他工具

5.3.1 假负载

许多时候，在检修彩电都是从测量主电源（＋B）电压入手，当测得＋B电压不正常时，就要判断故障在开关电源本身，还是在其他负载电路，这时，就需要接假负载，这是缩小故障范围的一条基本思路。

假负载的大小应根据开关电源的大小来选择，一般采用自制。自制时，用 $250\sim500\Omega/50W$ 大电阻或 $60\sim150W$ 的白炽灯泡、电烙铁均可，在其两端焊接两根引线就可作为假负载。

用灯泡作假负载是彩电维修中最常用的维修方法之一，这种方法方便快捷、简单易行、显示直观明了。通过观察灯泡的亮度就可以大体估计出输出电压的高低，大部分彩电机型都能直接接灯泡作假负载，其输出电压基本正常不变。

假负载使用方法示意图如图 5-21 所示。断开行扫描电路中行

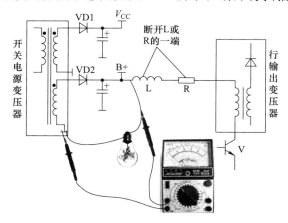

图 5-21　假负载使用方法示意图

149

输出级供电电路，将假负载的一端接开关电源 105～150V 输出端，另一端接地，如图中的 R。开机后，如果开关电源输出电压恢复正常，表明行扫描电路有问题；如果开关电源电压无变化，表明不是行扫描电路造成开关电源工作异常，存在过流、短路，问题在开关电源或相关电路。

在使用假负载时，需注意：

① 断开行扫描电路一般不要用刀割断铜箔，而应该断开滤波电感（如图中 L）一个引脚或保险电阻（如图中 R）一个引脚，用针头将行输出管集电极或行输出变压器的初级引脚与铜箔分离开也可。

② 断开开关电源应选择在取样电路之后，而不能在取样电路之前断开；否则，若把稳压环路的反馈路径打开，将致使开关电源输出电压不受控制而引发一些新的故障。

③ 有些机型用灯泡作假负载时，输出电压会或高或低或无输出。在这种情况下，接假负载要因机制宜、灵活运用，要针对不同机型采用不同方式，否则会误导维修思路。如采用厚膜 FSCQ1265RT 的开关电源不宜用灯泡做假负载，灯泡冷态阻值小，启动瞬间电流大，会造成该电源进入过流保护状态。

5.3.2 消磁器

在使用中不慎或因其他原因造成显像管局部磁化，彩电将出现色斑。为了消除色斑，对于深度磁化，建议使用专门的消磁工具来完成，例如消磁棒等。消磁棒是针对荧光屏磁化问题生产的一种短棒形工具，一般电子市场都有销售，外形如图 5-22 所示。使用时手持消磁棒在荧光屏幕前，以屏幕中心点为圆心做半径逐渐扩大的圆周运动，直至消磁完毕，如一次的效果不明显可多做几次。

图 5-22　消磁器

不要随意操作手动消磁功能，

即便显像管屏幕上有少许色斑，也要等显示器工作一会儿后再使用手动消磁功能，这样才能达到消磁彻底，不残留剩磁的目的。值得注意的是，操作时不要在间歇很短的情况下连续使用手动消磁功能，由于消磁电路工作在交变大电流作用下，这样不仅消磁不彻底，还容易使显像管荧光屏染上剩磁，甚至损坏消磁电路。因此，在实际操作过程中，如果一次消磁不彻底，可以间隔数分钟后再进行二次操作，即可达到消磁的目的。

5.3.3　存储器复制仪

存储器复制仪，是一种比较简便的存储器芯片数据编程器，在超级芯片彩电的软件故障检修中，是必备的常用仪器。YX-2008A编程、复制仪的外形结构图如图 5-23 所示。

YX-2008A 存储器编程、复制仪采用 USB 接口，支持 XP、NT、2000 以及 Vista 操作系统，自锁紧插座，也可进行脱机使用。其使用方法如下。

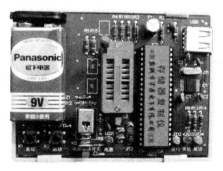

图 5-23　YX-2008A 编程、复制仪

(1) 24 系列脱机复制

首先将有数据的芯片放在"读"位置，将空白或需要改写数据的芯片放在"写"位置，按"电源转换开关"按钮选择接通电源方式（是 USB 供电还是 BAT 供电），电源指示灯亮，再按"启动"键，就可将"读"数据复制到"写"里。

操作步骤：

① 拨动锁紧小柄，分别在"读"、"写"位置上装上芯片，"写"容量需大于或等于"读"容量，"写"位芯片里有无数据皆可（01～16、32～512 两种不同，即 01～16 的内容不能写入 32～512）；

② 脱机运行时，读、写位可复制 24C 系列 01～512；

③ 源 IC 放入"读"插座，待写 IC 放入"写"插座内锁紧，选择供电方式电源指示灯亮，按"启动"键时系统会自动进入复制状态，"运行"灯闪烁时表示正在复制，"成功"灯常亮表示复制成功；

④ "失败"灯闪烁表示复制失败（应检查待写 IC 的性能好坏）。

（2）PCF85×× 系列脱机复制

复制 PHILIPS 的 PCF85×× 系列只能脱机运行，步骤同"（1）24 系列脱机复制"。待写 IC 必须是 ATMEL24C 系列 IC 才能正常复制。（PCF8582＝24C02，PCF8594＝24C04，PCF9598＝24C08）。

（3）93C 系列脱机复制

当复制 93C×× 系列脱机运行时，步骤同"（1）24 系列脱机复制"。待写 IC 与源 IC 必须相同容量，否则复制无效。

（4）24C、93C 系列电脑运行

电脑运行时，芯片只能装放在"读"位置，进行读写操作。可读取、调用电脑数据库数据，也可将芯片数据保存在电脑硬盘里。电脑操作系统为 XP、NT、2000 以及 Vista。

操作步骤：

① 安装驱动：先将光盘里"USB 驱动"文件夹打开，双击"USB 安装"安装驱动，然后点击 INSTALL。驱动预安装成功后，用随机的 USB 数据线连接 YX-2008A 编程、复制仪，在弹出的（找到新的硬件向导）对话框选择自动安装即可。

② 运行：打开光盘里"读写程序"文件夹，双击"读写 ROM 程序"则出现中文操作界面，安装完毕后，首次运行需要关机再重新开机才能运行。

③ 将芯片数据保存到电脑数据库中。步骤：检测（将待保存数据芯片放在"读"插座内锁紧并选择 USB 供电。点击"检测"，检测出芯片型号）→选择（点击"选择"相应的厂家及芯片型号，点击"确定"后，屏幕下方显示设备连接状态、当前厂家、芯片型号及容量）→读芯片（点击"读芯片"，"屏幕"上弹出读的窗口，

"运行"灯闪烁后熄灭，出现当前芯片的数据内容）→保存（点击
"保存"，屏幕出现一个保存窗口）。

④ 从电脑数据库中读取数据，再复制到芯片中。步骤：检测
（将空白芯片或需要改写数据的芯片放在"读"插座内锁紧并选择
USB供电。点击"检测"，检测出芯片型号）→选择（点击"选择"
厂家及芯片型号，点击"确定"后，屏幕下方显示设备连接状态、
当前厂家、芯片型号及容量）→打开（点击"打开"，选择电脑数据
库里的数据，再点击窗口右下角"打开"，屏幕显示所选择机型的
存储器数据）→写芯片（点击"写芯片"时，"屏幕"弹出写的窗
口，"运行"灯闪烁后熄灭）→校验（点击"校验"时，"屏幕"弹
出校验的窗口，点"确定"后"成功"灯亮，复制完毕）。

⑤ 芯片擦除。步骤：检测（点击"检测"，检测出芯片型号）→
选择（点击"选择"相应的厂家及芯片型号一致，点击"确定"后，
屏幕下方显示设备连接状态、当前厂家、芯片型号及容量）→擦除
（点击"擦除"时，"屏幕"弹出写的窗口，"运行"灯闪烁后熄灭）。

5.3.4 其他工具

为了使维修工作得心应手，还应准备一些其他工具。各种型号
的螺丝刀及镊子、斜口钳、尖嘴钳、小刀等也是必备的。除此之
外，还需备用一些耗材，如绝缘胶布、绝缘套管、万能黏合剂、导
热硅脂、台灯、放大镜、绝缘漆等。

在条件许可的情况下，也可备用交流可调稳压器、遥控器检测
仪、集成电路测试仪、信号发生器、1:1隔离变压器、显像管老
化检测再生仪等。

5.4 示波器

示波器可把人眼看不见、摸不着的电信号，以光的形式直接显
示出来。通过对电信号波形的观察便可以分析电信号随时间变化的

规律。此外，示波器还能用于测试各种电量，如它可测量交、直流电压，周期性信号的周期或频率，脉冲波的脉冲宽度，上升和下降时间，同一信号中任意两点的时间间隔，同频率两信号之间的相位差等。以 CA8020A 型示波器为例，整机及控制面板如图 5-24 所示。

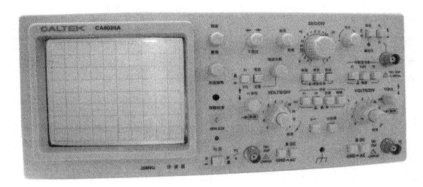

(a) CA8020A型示波器整机

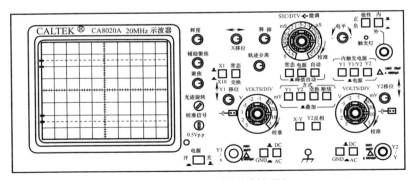

(b) CA8020A型示波器控制面板

图 5-24　CA8020A 型示波器整机及控制面板

5.4.1　示波器的基本操作

（1）基本操作（以单通道为例）

首先设置以下开关或旋钮的位置（见表 5-1）。

表 5-1　设置以下开关或旋钮

控制件名称	作用位置	控制件名称	作用位置
辉度	居中	触发方式	
聚焦	居中	水平扫描速度开关	0.5ms
垂直、水平位移	居中	极性	＋
垂直方式	Y1	触发源	内
垂直衰减开关	10mV	内触发源	Y1
微调	矫正位置	输入耦合	AC

将开关和控制部分以上设置后，继续：

① 电源接通，电源指示灯亮约 20s 后，屏幕出现光迹。如果 60s 后还没有出现光迹，应回头检查开关和控制旋钮的设置。

② 分别调节亮度、聚焦，使光迹亮度适中清晰。

③ 调节通道 1 位移旋钮，用螺丝刀调节光迹旋转电位器使光迹与水平刻度平行。

④ 用 10：1 探头将校正信号输入至 Y1 输入端。

⑤ 将 AG GND DC 开关设置在 AC 状态。一个如图 5-25 所示的方波将会出现在屏面上。若波形失真，可调整探极，探极调整方法见下。

⑥ 调整亮度、聚焦、辅助聚焦使图形清晰。

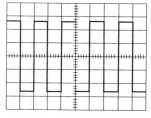

图 5-25　校正信号波形图

⑦ 对于其他信号的观察，可通过调整垂直衰减开关和扫描速度开关到所需的位置，从而得到清晰的图形。

⑧ 调整垂直和水平位移旋钮，使得波形的幅度与时间容易读出。

以上为示波器最基本的操作，通道 2 的操作与通道 1 的操作相同。

（2）光迹旋转

若水平迹线产生倾斜（与水平刻度线不平行），在使用前可按下列步骤检查或调整：

① 预置示波器面板上的控制件，使屏幕上获得一根水平扫描线。

② 调节垂直移位使扫描基线处于垂直中心的水平刻度线上。

③ 检查扫描线与水平刻度线是否平行，如不平行，用螺丝刀调整前面板"光迹旋转"电位器。

（3）探极的调整

示波器附件中有两根衰减比为 10 : 1 和 1 : 1 可转换的探极，外形如图 5-26 所示，为减小探极对被测电路的影响，一般使用 10 : 1。由于示波器输入特性的差异，在使用 10 : 1 探极测试以前，必须对探极进行检查和补偿调节。调整方法如下：

① 按（表 5-1）设置面板控制件，并获得一扫描基线。

② 设置 V/DIV 为 10mV/DIV 挡极。

③ 经 Y1 的 10 : 1 探极接入输入插座，并与本机"标准信号"连接。

④ 按基本操作内容操作有关控制件，使屏幕上获得图 5-27 波形。

图 5-26　探极　　　　　　　　图 5-27　波形校准

⑤ 观察波形是否适中，否则调整探极补偿元件，见图 5-26 微调修正电容。

（4）输入耦合的选择

① 直流（DC）耦合：适用于观察包含直流成分的被测信号，如信号的逻辑电平和静态信号的直流电平，当被测频率很低时，也必须采用这种方式。

② 交流（AC）耦合：信号中的直流分量被隔断，用于观察信

号的交流分量，如观察较高直流电平上的小信号。

③ 接地（GND）：通道输入接地（输入信号断开），用于确定输入为零时轨迹所处位置。

5.4.2　示波器的应用

（1）交流电压的测量

① 将 Y 轴输入耦合开关"AC 、GND、DC"置于"AC"处。

② 将信号输入至 Y1 或 Y2 插座，将垂直方式置于被选用的通道。

③ 设置电压衰减器并观察波形，使被显示的波形在 5 格左右，将微调顺时针旋足（校正位置）。

④ 调整电平使波形稳定（如果是峰值自动，无须调节电平）。

⑤ 调节扫描速度开关，使屏幕显示至少一个波形图。

⑥ 调整垂直移位，使波形底部在屏幕中某一水平坐标上（见图 5-28A 点）。

⑦ 调整水平移位，使波形顶部在屏幕中央的垂直坐标上（见图 5-28B 点）。

⑧ 读出垂直方向 A-B 两点之间的格数。

⑨ 按下面公式计算被测信号的峰-峰电压值（$V_{\text{p-p}}$）。

$$V_{\text{p-p}}=\text{垂直方向的格数}\times\text{垂直偏转因数}$$

例如：图 5-28 中，测出 A-B 两点之间格数为 4.1 格，用 1：1 探极的垂直偏转因数为 2V/DIV，则：

$V_{\text{p-p}}=2\times4.1=8.2$（V）

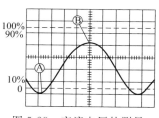

图 5-28　交流电压的测量

如果探极上的开关置于 ×10 位置，则应按下式计算被测信号的电压值

$$V_{\text{p-p}}=\text{垂直方向的格数}\times\text{垂直偏转因数}\times10$$

若求电压的有效值，则按下式计算：

$$V = \frac{V_{\text{p-p}}}{2\sqrt{2}}$$

（2）直流电压的测量

直流电压的测量步骤如下：

① 设置面板控制器，使屏幕显示一条扫描基线。

② 设置被选用通道的耦合方式为"GND"，见图5-29"测量前"。

③ 调节垂直移位，使扫描基线在某一水平坐标上，定义此时电压零值。

④ 将被测电压馈入被选用的通道插座。

⑤ 将输入耦合置于"DC"，调节电压衰减器，使扫描基线偏移在屏幕中一个合适的位置上，微调顺时针旋到底（校正位置）。

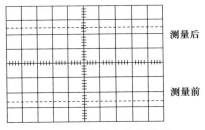

测量后

测量前

⑥ 读出扫描基线在垂直方向上偏移的格数，见图5-29"测量后"。

⑦ 按下列公式计算被测直流电压值：

图 5-29　直流电压的测量

$V=$垂直方向的格数×垂直偏转因数×偏转方向（＋或－）

例如：图5-29中，测出扫描基线比原基线上移4格，垂直偏转因数 2V/DIV。

则 $V=2×4×（＋）＝＋8$（V）

用示波器测周期、频率、相位等可参阅使用说明书或有关资料。

第 **6** 章

检修基本知识及常用方法

维修彩色电视机，应根据故障现象，利用各系统、各单元电路的作用及信号流程，进行逻辑推断、综合分析判断故障部位。当分析或判断是某一部分电路有故障时，还必须通过一定的检测方法，进行确定。本章主要讲述维修彩色电视机常用的维修方法。

6.1 检修基本知识

（1）观测与确认故障现象

检修工作通常由观测故障现象开始，通过询问用户了解故障发生的经过、现象及彩电使用、检修情况，再经仔细观测和外部检查，确认故障现象并用简明语言或行话将故障现象准确地描述出来。

（2）分析、判断故障原因

根据故障现象（特别是故障细节），对照彩电信号流程和各部分电路的作用，经认真分析和逻辑判断，就能得知哪一部分工作是正常的、哪一部分电路工作不正常，从而确定故障产生的原因是什么及可能的故障范围或电路。

（3）掌握检查、排除故障方法

要用万用表检修彩电，首先要学会万用表检测电路元件，并掌握彩电的各种"关键点"（即判断电路工作状态的关键测试点），彩电中的"关键点"较多，其作用各不相同。有的用于判断有无图像和伴音信号，有的用于判断有无彩色，还有的用于判断电路工作是否正常，此外，有些"关键点"可供触击法检查。然后可利用下面所介绍的方法判断、检查和判断故障。

这里说的"彩电故障判断法"，通常是指不用工具和仪表，只是通过人的感觉器官观察故障、调整外部按键、察看外部元件来判别故障的一种方法。在彩电检修中常用的方法有以下几种。

① 光、像、色、声判别故障法。一台性能良好的彩电，应具有均匀明亮的光栅，清晰稳定的图像，鲜艳柔和逼真的色彩，优美动听的音质。一旦彩电出了故障，光栅、图像、声音、彩色四方面的质量可能受到影响。也就是说，彩电的故障是由光栅、图像、声音、彩色四方面的质量缺陷表现出来的。因此，我们可以将光、像、色、声四方面的质量作为出发点，结合彩电方框图和各部分电路的作用，来判断产生故障的范围。例如，彩电出现无光栅、无图像、无伴音的故障（简称三无故障），则要么是整机电源有故障，要么是超级芯片有故障，要么是彩电各部分电路同时有故障。根据故障发生规律来判断，当然是第一、二种原因造成的可能性最大，所以遇到"三无"故障，首先应检查电源，其次检查超级芯片，最后检查各部分电路。

利用光、像、色、声判别法判断故障时，应该注意：观测故障现象要仔细、认真，不要放过故障现象的细节和偶尔出现的现象；运用逻辑推理时要紧扣电路功能，脑中应不断"过"信号流程；然后根据故障概率大小，做出故障范围的判断。

② 颜色对比判别故障法。色比法用来检查各种彩色故障。它是将彩电屏幕上所重现图像的颜色与标准彩条或正常图像相应部位应有的颜色进行比较，结合电路功能，从而来分析判断故障的一种方法。

6.2 检修注意事项

在彩电检修中，为了保证人身安全和不使故障扩大，应注意以下事项。

（1）检修彩电前应做的各种准备工作

① 应掌握彩电的工作原理，并掌握所修彩电的电路工作原理。最好准备有原机或同类机芯的电路图，如果实在没有图纸，可用同机型或同机芯电路图做参考。

② 准备好检修所需的仪器和工具。万用表、电烙铁、尖嘴钳、镊子、螺丝刀等。如果有条件的话，可以准备示波器、信号发生器、毫伏表等设备。

③ 准备一些检修彩电中常用的元器件，如二极管、三极管、电阻、电容、保险管、集成电路、行输出变压器等。此外，还应准备导线、焊锡丝、松香、电源插座等。

④ 要有一个整洁、干净的维修环境，各种仪器、工具等应有序放置，工作台上最好铺一层绝缘胶垫。

（2）检修中的注意事项

① 要按照检修程序来进行彩电的检修，不要不假思索地乱拆、乱换元器件。检修时应本着先外后内、先断电后通电的原则进行检修。

② 打开机壳后，应清楚可能触电的地方：220V 交流电引入点、各种高压和中压直流电，特别是热地等。检修时注意不要用手碰触这些地方。

③ 在发现保险管烧断后，不要马上更换保险管，应在保险管处串入直流或交流电流表测试流过保险丝的电流是否正常。电流不正常时，不应更换保险管，更不能更换大电流保险管或铜丝，应寻找造成电流过大的原因，排除故障后再更换保险管。如果没排除故障就更换大电流保险管，会使故障扩大，造成更多元器件的损坏。

④ 在检修中，应随时注意观察光栅情况，在出现一条亮线或亮点时，应将亮度调暗或关机，以防止将显像管荧光屏损坏。

⑤ 检修彩电时应注意稳压电源输出电压不要过高，这会造成显像管灯丝和其他元器件损坏。当彩电光栅过亮、光栅幅度变大时，很可能是稳压电源输出电压过高，应马上关机再对稳压电源检修。

⑥ 在检修时，特别要注意不要用硬物碰触显像管抽气口和管颈，避免损坏显像管。在移动偏转线圈时，一定要先将偏转线圈的紧固螺钉松开，再移动偏转线圈。

⑦ 在取下显像管高压插头前，应用一根绝缘导线（或表笔）或两个螺丝刀将高压嘴与地线短路几下，放掉管壳电容中的电荷，以防触电。高压放电示意图如图 6-1 所示。

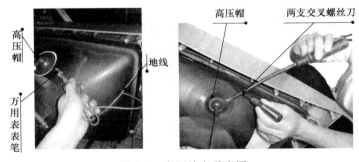

图 6-1　高压放电示意图

不要在通电情况下取下高压插头，也不要在通电情况下用导线对高压嘴放电，这样会损坏显像管和其他元器件的。

⑧ 用万用表或其他仪器对电路中的元器件进行测量时，不要将测试表笔碰触其他元器件，不要造成电路短路，以防损坏元器件。在测集成电路引脚电压时，更应小心，最好在与该引脚相连的另一点出测量，尽量不直接用万用表触击集成电路电路引脚。另外，测试与拆卸元器件时，注意不要碰坏其他元器件，不要拉断其他导线。

⑨ 拆卸元器件时，一定要将电源关闭，更换的元器件位置与引脚一定要焊实，焊点要亮、圆、实，不要虚焊。更换的元器件最好与原来的元器件是同型号或可直接代换的元件。

6.3 询问与观察法

在接故障的待修机时，首先必须向电视机用户了解情况，询问故障发生的现象、经过、使用环境、出现的频繁次数及检修情况等，这就是询问法。例如，初期故障现象的具体情况，是否存在其他并发症状，是逐渐发生的或是突然出现的，或是有、无规律间歇出现的等。这些情况的了解将有助于检修工作，可以节省很多维修时间，犹如医生对病人诊病一样，先要问清病情，才能对症下药。使用情况和检修史的了解，对于检修外因引起的故障，或经他人维修而未修复的彩电尤为重要。根据用户提供的情况和线索，再认真地对电路进行分析研究（这一点对初学者尤其重要），弄通弄懂其电路原理和元器件的作用，做到心中有数，有的放矢。

观察法就是在询问的基础上，进行实际观察。观察法又称直观检查法，主要包括看、听、闻、摸、查、振等形式，具体介绍如下。

（1）看

观察电视机或部件、外部结构等。观察时应遵循先外而后内，先不通电而后通电的原则，即先外观看各种按钮、指示灯、天线及输出、输入插头等，而后再打开后壳看内部，保险管是否烧毁，元器件是否有烧焦、炸裂，插排、插头是否接触良好等。

（2）听

开机后细听机内是否有交流声、打火声、噪声及其他异常响声。

（3）闻

用鼻子闻机内有无烧焦气味、变压器清漆味、臭鸡蛋味（打火后的臭氧味）等。如闻到机内散发出一种焦臭味，则可能为大功率电阻及大功率晶体管等烧毁；如闻到一种鱼腥味，则可能为高压部件绝缘击穿等。

（4）摸

通电一段时间关机后，摸大电流或高电压元器件是否常温、温升或烫手，如行管、电源开关管、大功率电阻，若常温表明可能没有工作；若有温升，表明已经工作；若特别烫手，表明工作电流大，可能有故障。

（5）查

检查保险丝是否烧断，机内外连线是否插错、脱落，元件有无缺损，灯丝是否点亮等。

（6）振

轻轻用螺丝刀绝缘柄敲击怀疑的单元电路印制板部分，查找电路虚焊点和接触不良性故障。

最后在确认无短路的情况下通电观察，是否是修机用户所描述的故障现象。去伪存真，就是说防止使用者因操作不当而造成的假象，或使用者所描述的故障现象与实际故障现象不符。

通过询问与观察，可以把故障发生的范围缩小到某个系统，甚至某个单元电路，接下来就需要借助各种仪表、工具动手检查这部分电路。通过上述一番询问，可以得到故障的大体范围。

6.4 电阻法 <<<

6.4.1　电阻法测量、判断元器件好坏

电视机电路中的元器件质量好坏及是否损坏，绝大多数都是用测量其电阻阻值大小来进行判别的。

当怀疑印刷线路板上某个元器件有问题时，应把该元器件从印刷板上拆焊下来，用万用表测其电阻值，进行质量判断。若是新元

器件，在上机焊接前一定要先检测，后焊接。

适于电阻法测量的元器件有：各种电阻、二极管、三极管、场效应管、插排、按键及印刷铜箔的通断等。电容、电感要求不严格的电路，可做粗略判断；若电路要求较严格，如谐振电容、振荡定时电容等，一定要用电容表（或数字表）等作准确测量。

测量二极管、三极管、集成电路时，最好选用指针万用表，但不要选择 R×1Ω 挡与 R×10kΩ 挡进行测量，因前者电流大，而后者电压高，容易损坏测量的元器件。

裸式集成电路（没上机前或从印刷板上拆焊下）可测其正反电阻（开路电阻），进行粗略地判断故障的有无。它是粗略判断集成块好坏的一种行之有效的方法，裸式集成电路正反电阻测量示意图如图 6-2 所示。

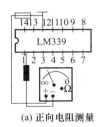 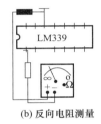

(a) 正向电阻测量　　(b) 反向电阻测量

图 6-2　裸式集成电路正反电阻的测量

本书在没有特殊说明的情况下，正反向电阻测量是指，黑表笔接测量点，红表笔接地，测量的电阻值叫做正向电阻；红表笔接测量点，黑表笔接地，测量的电阻值叫做反向电阻。使用开路电阻测量时，应选择合适的连接方式，并交换表笔作正反两次测量，然后分析测量结果才能做出正确的判断。

6.4.2　在路电阻法

在路电阻法是在不加电的情况下，用万用表测量电阻和元器件电阻值来发现和寻找故障部位及元件。它对检测开路或短路故障和确定故障元件最有实效。实际测量时可以作"在路"电阻测量和裸式（脱焊）电阻测量。如测量电源插头端正反向电阻，将它和正常值进行比较，若阻值变小，则有部分元器件短路或击穿；若电阻值变大，可能内部断路。

在路电阻法在检修电源电路故障时，较为快速有效。如电源电压（整流滤波后、稳压后）不正常，输出电压偏低许多，这里我们就要判断区分是电源电路本身有故障，还是后级负载有短路情况发生，具体操作方法如下：①测该输出端对地的正反电阻，记下数据；②脱开负载（脱开限流电阻或划断铜箔），再测该输出端对地的正反电阻，记下数据同第一次测量结果作比较。若第二次测量结果数值增大，说明后级负载有短路。

在路电阻法在粗略判断集成电路（IC）时，也是行之有效的一种方法，IC 的在路电阻值通常厂家是不给出的，只能通过专业资料或自己从正常同类机上获得。如果测得的电阻值变化较大，而外部元件又都正常，则说明 IC 相应部分的内电路损坏。由于内外电路元件形成一个复杂的混联电路，且可能存在单向导电的元件。测量完毕后，就可对测量数据进行分析判断。如果是裸式测量，需交换表笔作正、反两次测量。

正反电阻法测正向电阻时，红表笔固定接在地线的端子上不动，用黑表笔按着顺序（或测几个关键脚）逐个测量其他各脚，且一边做好数据记录。测反向电阻时，只需交换一下表笔即可。电阻约为 0Ω 或明显小于正常值，可以肯定这个集成电路击穿或严重漏电，如果是在机（在路）测量，各端子电阻约为 0Ω 或明显小于正常值，说明这个集成块可能短路或严重漏电，要断开此引脚再测空脚电阻后，再作结论。另外也可能是相关外围电路元件击穿或漏电。

6.5 电压法

电压法是检查、判断电视机故障时应用较多的方法之一，它通过测量电路主要端点的电压和元器件的工作电压，并与正常值对比分析，即可得出故障判断的结论。按所测电压的性质不同，电压法分为直流电压法和交流电压法。直流电压法又分静态直流和动态直流电压两种，判断故障时，应结合静态和动态两种电压进行综合分析。

6.5.1 直流电压法

（1）静态直流电压

静态是指电视机不接收信号条件下的电路工作状态，其工作电压即静态电压。测量静态直流电压一般用来检查电源电路的整流和稳压输出电压、各级电路的供电电压、晶体管各极电压及集成电路各脚电压等来判断故障。因为这些电压是判断电路工作状态是否正常的重要依据。将所测得的电压与正常工作电压进行比较，根据误差电压的大小，就可判断出故障电路或故障元件。

对于电路中未标明各极电压值的晶体管放大器，则可根据：$V_c = (1/2 \sim 2/3)E_c$，$V_e = (1/6 \sim 1/4)E_c$，V_{be}（硅）$= (0.5 \sim 0.7)V$，V_{be}（锗）$= (0.1 \sim 0.3)V$ 来估计和判断电路工作状态是否正常。晶体管工作在开关状态时，开时：$V_c \approx V_e$ 即 $V_{ce} \approx 0$；关时：$V_c = V_{cc}(E_c)$。

在进行三极管放大电路分析时，主要注意三极管的偏压（V_{be}），而集电极电压通常接近相应的电源电压。通过这两个电压的测试，就基本上可以判断三极管是否能比较正常地工作。以硅管为例，电压法测量图如图 6-3 所示。

晶体管放大电路静态电压的主要特点是：发射极正偏，集电极

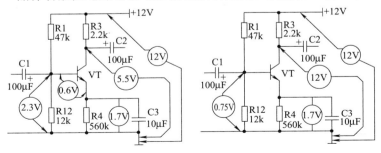

(a) 正常时的电压　　　　(b) 不正常时的电压(BE结断路)

图 6-3　电压法测量三极管

反偏。具体讲：NPN 型管应 $V_c > V_b > V_e$；PNP 型管应 $V_e > V_b > V_c$；其中发射极电压硅管在 0.6V 左右，锗管在 0.2V 左右。如果偏离上述正常值，晶体管则失去正常放大作用，这时应检查电路故障点。

对于振荡电路，可以通过测试晶体管 V_{be} 电压来加以判断。它应略微正偏或处于反偏，V_{ce} 电压和上述线性放大器要求基本相同。若 V_{be} 处于正常正偏值时，则振荡器处于停振，若直流状态正常，则可用强迫停振法，看其是否起振，即将振荡器交流短路（但不能使直流通路短路），观察发射极电压或集电极电压或基极与发射极之间电压在短路前后的变化，有变化，说明电路已起振。

（2）动态直流电压

动态直流电压便是电视机在接受信号情况下电路的工作电压，此时的电路处于动态工作之中。电路中有许多端点的静态工作电压会随外来信号的进行而明显变化，变化后的工作电压便是动态电压了。显然，如果某些电路应有这种动态、静态工作电压变化，而实测值没有变化或变化很小，就可立即判断该电路有故障。该测量法主要用来检查判断仅用静态电压测量法不能或难以判断的故障。

在测量各脚工作电压，尤其是晶体管和集成电路各引脚的静、动态工作电压时，由于集成块引脚多而密集，故而操作时一定要极其小心，稍有不慎就会烧毁集成块，此类情况特别是初学者在实际维修中屡见不鲜，应加注意。

在检修时，应"先直流，后交流"，这里的直流和交流是指电路各级的直流回路和交流回路。这两个回路是相辅相成的，只有在直流回路正常的前提下，交流回路才能正常工作。所以在检修时，必须先检查各级直流回路（静态工作点），然后检查交流回路（动态工作点）。

6.5.2　交流电压法

在电器维修中，交流电压法主要用在测量整流器之前的交流电路中。在测量中，前一测试点有电压且正常，而后一测试点没有电压，或电压不正常，则表明故障源就在这两测试点的区间，再逐一缩小范围排查。

在测量过程中，一定要注意人、机（万用表、电视机）的安全，并根据实际电压的范围，合理选择万用表的挡位转换。在转换挡位时，一定不要在带电的情况下进行转换，至少一表笔应脱离测试点。

6.5.3 关键点电压

一般而言，通过测试集成块的引脚电压、三极管的各极电压，有可能知道各个单元电路是否有问题，进而判断故障原因、找出故障发生的部位及故障元器件等。

所谓关键测试点电压，是指对判断电路工作是否正常具有决定性作用的那些点的电压。通过对这些点电压的测量，便可很快地判断出故障的部位，这是缩小故障范围的主要手段。

下面简单介绍彩色电视机开关电源的关键测试点电压。

开关电源的关键测试点：一是开关管集电极；二是开/待机接口末端三极管集电极或发射极；三是开关电源各电压输出端。各测试点电压能说明的问题如下。

① 开关管集电极电压。开关管集电极电压正常，说明交流220V 输入电路和整流滤波电路工作正常；如果开关管集电极电压、电阻（对电源地）的值均为零，说明开关管集电极相关元件存在短路故障；如开关管集电极对地电压为 0V，对地电阻正常，说明交流输入电路及整流滤波电路存在有故障；如开关管集电极电压低于正常值，而高于 0V，有可能是电源电路不正常或后级负载有短路现象发生。

② 开/待机接口电路末端三极管集电极（或发射极）电压。当三极管集电极或发射极电压正常且随开/待机指令变化，其电压高/低跳变，说明开关电源工作于开机状态；当该电压低于或高于正常值时，且对应的故障是开关电源输出电压低，此时应先查明此末端三极管电压不对的原因；当该电压为待机状态，且不能随开/待机

指令的变换而跳变，说明故障在开/待机接口电路或相关的超级芯片电路或负载保护电路。

③ 开关电源各电压输出端电压。开关电源各输出端电压均高，可能开关电源本身有问题；各输出端电压按比例下降，故障在开关电源；各输出端电压低，但有的下降比例大，有的下降比例小，故障应在下降比例大的这路输出端的整流滤波电路及负载；各输出端或某个输出端只在开机瞬间有电压输出，而后下降为 0V，故障是过流、过压保护电路动作所致。

6.6 电流法

电流维修法是通过测量晶体管、集成电路的工作电流，局部单元电路的总电流和电源的负载电流来判断电视机故障的。

一般来说，电流值正常，晶体管及集成电路的工作就基本正常；电源的负载电流正常则负载中就没有短路性故障。若电流较大说明相应的电路有故障。测量电流的常规做法是要切断电流回路串入电流表，对于有保险座时宜采用取下保险管把表串入电路直接测量。电流维修法适合检查整机工作电流、短路性故障、漏电或软击穿故障。采用电流维修法检测电视机电路故障时，可以迅速找出晶体管发热、电源变压器发热、显像管衰老等原因，也是检测电视机电路工作状态的常用手段。

（1）整机电流测量方法

测量前先估算一下整机电流。一般 25 英寸以上的彩电功率在 $100 \sim 150W$，以市电电压为 220V 进行计算，电流等于功率除以电压，则 $100/220 = 0.454A$，$150/220 = 0.73A$，即工作电流在 $0.454 \sim 0.73A$。根据电视机标称功率计算得出工作电流，然后用钳形电流表或万用表进行测量。例如 TCL2565A 机型启动电流为 0.25A，工作电流为 0.35A。

用万用表测量整机电流时，可取下保险管，把万用表的两只表笔串入两保险座中，然后开机测量。把实测结果跟估算值进行比较，若二者相差在 0.5A 左右，基本上认为正常。在电视机出现故障时，电流一般都会有如下变化：

① 电流偏小。若实测电流比估算值小一半以上，说明负载工作不正常，如电源本身损坏，行、场扫描电路有故障等，可能发生断路性故障较大。

② 电流偏大。实测电流偏大 1A 以上，甚至更大时，往往内部电路有短路情况发生。这种情况，应认真仔细排查。

(2) 负载电流测量法

测量负载电流的目的是为了检查、判断负载中是否存在短路、漏电及开路故障，同时也可判断故障在负载还是电源。应注意的是，电源一般有多路电压输出和相应的负载，测量时应考虑到各负载支路电流对总电流的影响。一般先测量容易发生故障的支路电流。若需检查总负载电流是否正常，则可以测量所有负载回路的电流，然后将各路电流相加即可。

6.7 调整法与复制维修法

6.7.1 调整法

在彩电维修中，调整法通常有两种：硬件调整和软件调整。

(1) 硬件调整

硬件调整是指用手或螺丝刀或其他工具，配合眼或其他仪器、仪表，对电路的参数进行改变，使之达到正常值或音、像、色俱佳。如开关电源电路中的取样微调电阻，可用螺丝刀调整，同时用万用表检测＋B 电压，使之达到额定值；再如加速极电压调整、聚焦极电压调整等。

(2) 软件调整

彩电中的 I^2C 总线，是专门用于传输软件控制数据的线路，其传输的数据信号——软件数据码，称为总线数据。总线数据是由具有不同控制功能的多种项目数据所组成，总线调整就是把存储器中总线的项目数据调出来进行修改或恢复，然后再存储。其目的是通过调整总线项目数据的大小，来控制电视机的各种功能，如色度、亮度、对比度、白平衡、行幅、场线性等，使各项指标达到最佳状态。因此，调整总线数据，实质就是维修彩电的软件故障。

存储器是一款软件系统，当软件出现故障时，只有通过 I^2C 总线来进行调整。有下列情况之一，就必须通过 I^2C 总线对彩电进行调整。

① 彩电在使用过程中出现异常现象，但经检查元器件正常、I^2C 总线电压正常，则需要检查或进行相应软件调整。一般是由于总线数据发生错误，这时需要对发生错误的项目数据进行调整，调到正确值。

② 在更换某些主要元器件后需要对控制该元件的总线数据进行相应调整，如更换存储器、高频头、超级芯片、显像管、场输出集成电路等元器件后，这时需要对总线数据做适量调整，以使电视机工作于正常状态。

③ 因彩电使用日久及元器件老化、性能发生变化而引起电视机某些性能变差，影响正常收看，就需要对相关电路进行调整。这时需要调整总线数据，以适应元器件当前特性的需要，使电视机工作于最佳状态。如行幅、场幅、高放 AGC、副亮度、枕形失真、图像中心位置等。

对 I^2C 总线彩电进行调整，检查超级芯片对 I^2C 总线挂接集成电路的自检情况，或更换存储器后对存储器数据进行写入时，都需要使彩电进入维修状态实施调整。维修状态，有些公司也称调整状态、行业模式、市场模式、维修模式或工厂模式等。

I^2C 总线的调整，大部分不需要仪器，一般采用遥控器，根据数据表提供的数据进行适量调整即可，但有些项目则需要一些仪器。

（3）总线调整方法

总线调整方法主要包括进入、退出维修状态的操作方法及总线调整的操作方法。

① 进入维修状态的几种方法。进入维修状态，就是使电视机由正常收看状态转入维修状态的总线调整状态，常有如下几种方法。

a. 输入密码法。密码是生产厂家设置的一组数字，一般为四位数，必须按照规定的顺序操作遥控器或电视机上的数字按键即可使电视机进入维修状态。

b. 按键法。按照规定的顺序操作遥控器或电视机上的功能键和数字键进入维修状态。

c. 维修开关法。维修开关法是在主印制电路板上设置一个维修开关，按动该开关，电视机即可进入维修状态。

d. 短路测试点法。此类机型是在超级芯片附近设置有一组专门测试点，按要求把测试点短路，电视机即可进入维修状态。

彩电进入维修状态后，屏幕上通常显示有"S"、"D"、"M"等字符。其中S模式为"维修调整模式"；D模式为"工厂设计模式"；M模式为"生产调试模式"。

在总线调整中，对于S模式数据，可由维修人员一边观察电视机的图像、音质，一边进行调整数据，把电视机的图、色、音维修到最佳状态；对于D模式数据，一般由工厂技术人员调整，电视机出厂后，也可由维修人员对照厂家的数据表，把发生错误的项目数据调整为正确值；对于M模式数据，一般为彩电的综合功能控制数据，调整这类数据将会导致彩电多种功能同时发生改变，一般不做调整。如确实需要调整，可按照厂家的M模式数据表，将发生错误的数据调整为正确值。

② 调出总线数据的方法。在电视机进入维修状态后，再操作遥控器或电视机上规定的按键，使总线数据的"菜单"或"项目"显示在电视机屏幕上，以便于修改调整。

一个"菜单"中通常包含多个"项目"，每个"项目"都有对应的数据。如屏幕上显示为"菜单",就必须进一步操作电视机使屏幕上显示出项目数据,项目数据才是总线调整的基本对象。

③ 总线调整的操作方法。在屏幕上显示出项目、项目数据后,再按遥控器或电视机上规定的按键,向电视机内输入有关指令,使修改项目数据由小变大或由大变小,进而控制电视机的相关项目参数达到最佳,直至排除软件故障。

④ 退出维修状态。在完成总线调整后,即可退出维修状态。退出维修状态常有以下几种方法。

a. 按操作键。使用遥控器上的关机键退出,或按两次遥控器上的正常键,即可退出维修状态。

b. 关掉电源。调整任务完成后,关掉电视机电源即可退出维修状态,再开机即可正常收看。

一般来说,同一机芯的各种不同型号的彩电,其进入、退出维修状态及总线调整的方法均相同;即使有些品牌与型号不同,但如果采用的机芯相同,它们的总线调整方法也相同,可相互参考。

(4) 调整数据的注意事项

① 调整前要记录原始数据。记录下调整项目的名称、此项目中的原始数据值,以便调整失败后复原。

② 调整数据要做到有的放矢。要有目的地根据电视机反映的现象调整相关的项目数据,不能进入维修状态后随意乱调。

③ 对"模式数据(选项数据)"进行调整要谨慎。要特别注意,该项数据调乱后对 I^2C 总线彩电产生严重的后果。

④ 在不更换存储器时不要进行存储器的初始化。

6.7.2 复制维修法

在超级芯片彩电中,E^2PROM 存储器常有硬件和软件两种故障发生。硬件故障主要是存储器本身损坏,而软件故障主要是复制在存储器内部的工厂数据紊乱。硬件损坏的故障现象主要是不开机或开机后蓝光栅无节目,需更换存储器并复制调试项目数据,因为市场销售的存储器一般为空白的（即没有写入数据）；而软件故障现象主要是光栅几何失真、行/场幅度异常、白平衡失常等，只需重新调整项目数据即可。

在维修中，更换 E^2PROM 存储器时，对其软件项目数据的复制方法常有如下几种。

(1) 计算机复制法

在计算机中安装复制仪的驱动程序，利用计算机和复制仪对空白（或待改写）存储器进行复制数据。这种方法需维修者提前在计算机中保存有可靠的芯片数据。

(2) 复制仪复制法

利用复制仪进行脱机复制，即将正常存储器芯片数据直接复制到空白（或待改写）存储器中。这种方法需复制仪中保存有可靠的芯片数据或有同一机型芯片数据的存储器。

(3) 初始化法

向空白存储器复制数据的过程称为存储器初始化操作，又称数据写入或复制。初始化因彩电机型不同而异，有以下几种方法：

① 自动写入法。有些彩电在更换新空白存储器后，接通电源，只需按电视机的电源开关，总线系统将自动从 CPU 的 ROM 中调出控制数据，并写入空白存储器中且保存，作为存储器的初始数据。

② 半自动写入法。有些彩电在更换新空白存储器后，需要操作遥控器或电视机上的有关按键，先进入维修模式的数据调整状态，再执行复制程序，才能从 CPU 的 ROM 内调出控制数据，并写入空白存储器中，完成存储器初始化操作。

③ 手动写入法。有些彩电在更换新空白存储器后，需要按照厂家提供的"总线数据表"，先操作电视机进入维修状态，然后将各项数据逐条写入存储器中，才能完成存储器初始化操作。

最后需要说明一点：电视机初始化后，有些机子并不能使图像和声音质量达到最佳状态，仍需在"维修模式"下对总线数据进行重新调整。

6.8 其他方法 ◀◀◀

6.8.1 加热与冷却法

有些故障，只有在开机一定时间后才能表现出来，这种情况一般是由于某个元器件的热稳定性差、软击穿或漏电所引起。经过分析，推断出被怀疑元件，通过给被怀疑的元器件加热或冷却，来诱发故障现象尽快出现，以提高检修效率，节约维修时间和缩小故障范围。

加热法具体操作方法是：当开机没有出现故障时，用发热烙铁或热吹风机对被怀疑的元器件进行提前加热，如元件受热后，故障现象很快暴露出来了，则该元件为故障器件。

冷却法具体操作方法是：当开机故障出现后，用镊子夹着带水的棉球或喷冷却剂，给被怀疑的元器件进行降温处理，如元件降温后，故障排除了，则该元件或与之有关的电路为故障源。

加热与冷却维修法在运用时应注意以下几点。

① 在进行局部加热时，加热的温度要严加控制，否则好元件有可能被折腾坏。

② 加热时，有些元件只能将电烙铁头靠近元件，而不能长时间直接接触烘烤。

③ 冷却时，忌棉球水长流、水跌落到其他元件或线路板上，造成新的短路性故障。

6.8.2 敲击诊断维修法

敲击诊断维修法又称敲击法、摇晃法，该方法是检查虚焊、接触不良性故障行之有效的手段。彩电出现接触不良性故障，常表现为时正常时不正常：有时短时间频繁出现、有时长时间不出现、拍打机壳或机板出现时好时坏；有时打开机壳就好，盖上机壳又出现故障等。遇到上述种种情况，就必须人为地使故障频繁地重新出现，以便于快速确定故障范围和部位。

具体操作方法是：手握起子的金属部位，用其绝缘柄有目的地轻轻敲打所怀疑的部位，使故障再次出现。当敲击某部分时，故障现象最频繁、灵敏，则故障在这个部位的可能性就最大。当发现该部位造成故障的可能性较大后，可用手指轻轻摇晃、按压怀疑的元器件，以找到接触不良的部位；也可采用放大镜仔细观察印制电路板上的焊盘是否脱焊、铜箔是否断裂、插排是否接触良好等。必要时，也可用两手轻轻弯折电路板，以观察故障的变化情况。

敲击诊断维修法在运用时应注意以下几点。

① 注意人身安全。有些部位或元器件属于高电压范围，在具体操作时应注意人机的安全问题。

② 敲击时应注意用力的适度，防止用力过大而敲坏元器件造成该元件永久性损坏，或敲斜元器件使其与相邻元器件相碰造成短路现象发生。

③ 某些部件或部位的敲击、摇晃要慎之又慎。如显像管的尾板安装在电子枪上时，注意敲击或摇晃尾板造成显像管炸裂。

④ 对彩电出现的接触不良的故障，除了可用振动法外，还可用毛刷轻轻扫怀疑有问题的单元电路或元件，发现故障出现或消失的次数增多，就可以大致判断故障在所扫的单元电路或元件。

6.8.3 波形法

在一般情况下，并不提倡使用示波器检修电视机，而尽量利用万用表作为排除故障的主要手段，但有些故障，用万用表无能为力时，则必须使用仪器。

检修 I^2C 总线彩电，不能简单用万用表测量芯片各脚电压来判断芯片工作是否正常；也无法用普通示波器对 SDA 线与 SCL 线上的波形时序参数进行定量分析，这是因总线通道波形的计时周期不一样，普通示波器也无法清晰稳定地显示波形轨迹。因此，很难判断信号数据是否正常传送，各智能 I^{2}C 是否按原有的通信协议和 CPU 进行有效联络等。但有一点是可以肯定，即示波器可以判断总线上有无信号存在和信号幅值是否正常。

通常遇到黑屏、失控、难以进入机器维修状态的机子，无法用软件项目数据进行调整并作进一步检查时，应首先检查 I^{2}C 总线通道工作情况，可用示波器分别探查超级芯片和各受控 IC 的 SDA 端口和 SCL 端口有没有波形出现，其幅值是否符合要求（正常波形幅值应接近 5V_{PP}）。在此注意，检查各被控部件的 SDA 线和 SCL 线时，示波器探针必须直接接触该 IC 相关脚，免得引起误判。即使某些功能板的位置不便于测试，这步工作也应尽力去作。还应注意，当挂在 I^{2}C 总线上控制组件之一损坏，影响到总线控制信号传递时，还可能引起其他控制组件失控，形成完全有悖于失效组件所涉及的故障。

示波器可用来观察视频各种脉冲波形、幅度、周期和脉冲宽度，全电视信号波形、行场同步脉冲、行输出逆程脉冲等。通过对波形、幅度及宽度等的具体观察，便可确定某一部位的工作状态。因此利用同步示波器检修扫描部分故障是非常直观和准确的。

用示波器检修彩电时经常测量的关键点主要有：行输出管集电极、基极；行逆程脉冲信号各传递通道；伴音输出端；全电视信号输出端（预视放）；场锯齿波输出端、场输出中点；CPU 时钟振荡等。

6.8.4　触摸法

触摸法是在开机 5 分钟或更长时间后关机（最好是拔掉电源插头），随后有目的地触摸某些元件是否有温度过高的现象。

触摸法主要用于检查的元件是：开关电源中的消磁电阻、开关管、厚膜集成块、电解电容；行扫描电路中的行输出变压器与行输出管；场扫描电路中的场输出厚膜或输出管；伴音电路中的伴音功放厚膜。上述元件除电解电容外，其他元件如果有温度过高的现象（消磁电阻除外），说明升温元件可能有过流故障。因各元件正常情况下的温度是不一样的，即使是同一元件也如此，如行输出变压器在不同机芯中的温度也有差异。作为检修人员要注意在日常修理中积累经验。

这里还需特别注意：对于某个单元电路中的某个元件进行触摸检修时，一定要在上面讲的电压法或电流法等基础上，初步判断故障在哪个单元的哪个元件，才能用触摸法对这个元件进行检查。千万不要无目的地对开关电源的元件进行触摸，这样有时会因不同元件或不同机芯所表现的温度不同，使你误判断故障部位，将检修带入弯路。

正常情况下开关管是有一定温度的，如果触摸温度与正常温度相同或低于正常温度，可判断开关管工作电流正常或小于正常值；如果温度远远高于正常值，说明开关管的工作电流大，即开关电源的负载（行扫描电路）有过流故障，频繁损坏开关管的原因常常就是过流热击穿。

触摸电解电容的温度可判断它是否漏电或失效。如果电容温度较高，说明这个电容漏电，应更换；如果没有温度，可能这个电容失效，也要拆卸下来检查。

行输出管与行输出变压器正常情况下是有一定温度的，如果手摸无温度，说明行输出级没有工作，但不会造成开关电源输出电压低；如果温度明显过高，说明行电路中某些元件漏电，使行输出级工作电流大，这是造成电源输出电压低或光栅幅度小的原因。

6.8.5　元器件选用与代换维修法

彩电中常见的元器件种类较多、型号复杂，同时，元器件的更新周期较短，因此，一般维修人员很难储备、配齐数量众多、型号齐全的元器件，对于维修人员来讲，也没有必要非配齐不可，那么在实际代换时都要考虑那些因素呢？主要有两点：封装形式和电性能参数。

(1) 电阻的代换

在维修中发现，电阻出现损坏故障的一般是功率较大的电阻、保险电阻、压敏电阻、PTC 热敏电阻等。

功率较大的电阻工作温度较高，容易发生开路、阻值发生变化等，代换安装焊接时，应与印刷电路板保留一定的间隙，便于散热。

保险电阻在电路中起着电阻和保险的双重作用，主要应用于电源输出电路中。其阻值一般较小（几欧至几十欧），功率也较小（1W 以下）。保险电阻损坏后，一定要查明原因再更换，更不能用普通电阻代换，否则，可能会造成更大的故障。代换时要用良品且与原参数相接近。

PTC 热敏电阻主要用于消磁电路中，一般采用原型号或原规格更换。若比原阻值小，则容易引起烧整机保险管；若比原阻值大，则容易引起消磁效果差。

压敏电阻在更换时，应选用与其型号相同或参数相同的来代换，特别是标称电压与通流量。

检查电阻时，一般直接用万用表测量其电阻值即可，如果检查安装在电路板上的电阻，应把被测电阻从印刷板上脱焊下来（或任意一引脚脱开），再进行测量，否则会因电路分流的影响而得不到真实的阻值。

在电阻的代换中，一般遵循如下规律：

① 在安装许可的情况下，大功率可以代换同阻值小功率的电阻，而后者不能代换前者。

② 五色环可代换四色环，而后者一般不能代换前者。

③ 在安装方便的情况下，微调电阻可以代换固定电阻；在印制板许可的情况下，通孔电阻与贴片电阻可以互相代换。

④ 多个电阻串联或并联或混联可以代换固定电阻；当用串、并联电阻的方法代换一个电阻时，一定要考虑各分电阻的功率不能超过该电阻本身允许的额定功率。

⑤ 用于保护电路取样的电阻要采用原值、等功率电阻代换，否则会影响保护电路的灵敏度。阻值参数一般不要改变，功率参数可以选用比原参数稍大一点的。

⑥ 保险电阻的代换。保险电阻损坏后，若无同型号的代换，可用与其主要参数相同的其他型号代换之或电阻与保险丝串联后代用。用电阻与保险丝串联来代换时，电阻的阻值应与损坏的保险电阻的阻值和功率相同，而保险丝的额定电流可依据如下公式进行计算：

$$I = \sqrt{0.6P/R}$$

式中，P 为原保险电阻的额定功率；R 为原保险电阻的阻值。

对电阻较小的保险电阻，也可采用保险丝直接代换应急。

（2）感性元器件的代换

① 彩电中容易损坏的感性元器件主要有一体化行输出变压器、偏转线圈、行激励变压器等。在代换时一定要与原相同规格、参数相近的电感器进行代换。

② 对于色环电感或小型电感时，当电感量相同、额定电流相同时，一般可以代换。

③ 大功率电感可以代换同类小功率的电感。在印制板许可的情况下，通孔电感与贴片电感可以互相代换。

④ 代换贴片电感器的额定电流必须大于实际电路的工作电流；若额定电流选择过低；很容易影响电感器性能或烧毁电感器。

一体化行输出变压器的代换关系到整机的安全性能，从严格意义上讲，只能使用原型号替换。考虑到行输出变压器"型号的多样性和昂贵性"以及"高压的相近性"，可以采用相近型号代换。以验证该行输出变压器的"真实性"或用作"应急修理"。代换行输出变压器时，一般要考虑初次级线圈的线径、绕向、匝数、＋B 电压值的高低等因素。根据不同屏幕尺寸电视机的特点，进行合理的代换。

（3）电容的代换

在电容的代换中，一般遵循如下规律：

① 根据电容在电路中的作用（如滤波、退耦、耦合、定时、储能等）、容量、工作频率、准确度、耐压等，选择能满足各项要求的电容。

② 标称电容容量不能满足要求时，可以采用电容器串联或并联的方法来满足容量的要求，但同时要考虑到串联或并联后的耐压问题。小容量电容并联可以代换大容量电容，大容量电容串联可以代换小容量电容。

③ 代换电容要与原电容的容量基本相同（对于旁路、耦合、滤波电容，容量可以比原电路大一些），一般不考虑电容的允许误差（除了振荡电路用）。在容量要求符合条件的情况下，额定电压参数等于或大于原电容器的参数即可代用，有时略小一些也可以代用。

④ 一般情况下，高频的可以代替低频的，反之，低频的不能代换高频的。

⑤ 标称电容容量相差不大时可以代用。许多情况下电容器的容量相差一些无关紧要（要根据电容在电路中的具体作用而定），但在有些场合下电容器不仅对容量严格（如振荡电路、谐振电路）而且对允许偏差与参数也有严格的要求，此时就必须选用原型号、通规格的电容器。

⑥ 开关电源电路中的高频谐振电容和电源滤波电容常采用无感、高频特性好、自愈能力强及稳定性高的 NKPH 型电容，不能用普通电容代替。

⑦ 电路中一般要求代换电容要与原电容容量基本相同，耐压要等于或大于原额定电压。高耐压可以代换低耐压。

⑧ 在印制板许可的情况下，通孔电容与贴片电容可以互相代换。

⑨ 谐振电容、高压电容、高频滤波电容、振荡定时电容等，一般要求较为严格，要精确地测量，必要时（怀疑耐压），要用替代法判断。代换上述电容时，一定要按照原参数、原规格的良品进行替换，否则，会造成故障扩大或维修不好。

⑩ 电源退耦滤波电容、耦合电容、旁路电容等，只要安装位置许可，可适当选用耐压高和容量大的电容进行替代。但注意有些滤波电容，容量不能提高过大，否则会造成开机瞬间冲击电流增

大，导致某些电路损坏。

（4）晶体二极管的代换

二极管的代换一般遵循如下规律：

① 当彩电中的二极管损坏时，如没有同型号的管子更换时，应查看晶体管手册，选用三项主要参数（最大整流电流）I_{FM}、（最高反向工作电压）V_{RM}、最高工作频率 f_M 满足要求的其他型号的二极管代换。如果三项主要参数比原管子都大，一定可满足电路的要求。但并非代换管子一定要比原管子各项参数都高才行，关键是能满足电路的需要，只要满足电路要求即可。

耐压高、工作电流大的管子可以代换小的，但后者不能代换前者。如 1N 系列中的 1N4007（1000V/1A）可代换 1N4000（25V/1A）～ 1N4006（800V/1A）等，1N5408（1000V/3A）可代换 1N4007（1000V/1A）等。

② 开关稳压电源整流电路及行输出脉冲整流电路中使用的整流二极管，应选用工作频率高、反向恢复时间较短的整流二极管（如 RU 系列、EU 系列、V 系列、1SR 系列等）或快恢复二极管。

③ 硅管与锗管在特性上是有一定差异的，一般不宜互相代用。

④ 高速开关二极管可以代换普通开关二极管，反向击穿电压高的开关二极管可以代换反向击穿电压低的开关二极管。

⑤ 稳压二极管的代换。不同型号的稳压二极管的稳定电压值不同，所以要尽量用原型号的稳压二极管代换。

如果稳压二极管稳定电压值与所需要求相差不多，可以采取串联普通硅二极管的办法来代换，其连接方式如图 6-4 所示。

（5）三极管的代换

在选择和代换三极管时，应掌握以下原则：

① 类型相同。材料相同：即锗管代换锗管，硅管代换硅管；极性

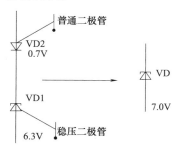

图 6-4　稳压二极管与普通硅二极管串联

相同：即 NPN 型代换 NPN，PNP 型代换 PNP 型管。

② 特性相近。用于代换的晶体管应与原晶体管的特性相近，它们的主要参数值应相差不多。晶体管的主要参数近 20 多个，要求所有这些参数都相近，不但困难，而且没有必要。一般来说，只要几个主要参数相近，即可满足代换要求。

代换时，新换三极管的极限参数应等于或大于原三极管；性能好的三极管可代换性能差的三极管：如 β 高的可代换 β 低的，穿透电流小的可代换穿透电流大的；在耗散功率允许的情况下，可用高频管代换低频管。

集电极最大耗散功率（P_{CM}）一般要求用与原管相等或较大的三极管进行代换。

集电极最大允许直流电流（I_{CM}）一般要求用与原管相等或较大的三极管进行代换。

击穿电压用于代换的三极管，必须能够在整机中安全地承受最高工作电压。三极管的击穿电压参数主要有：集电极-基极击穿电压（BV_{cbo}）、集电极-发射极击穿电压（BV_{ceo}）（上述击穿电压应不小于原管对应的击穿电压）。

用于代换的三极管，其 f_T 与 f_β 应不小于原管对应的 f_T 与 f_β。

③ 外形相似。小功率三极管一般外形均相似，只要各个电极引脚标志明确，且引脚排列顺序与待换管一致，即可进行更换。中功率三极管的外形差异较大，代换时应选择外形相似、安装尺寸相同的三极管，以便安装和保证正常的散热条件。

④ 三极管代换时，要考虑是三极管还是场效应管；是 PNP 型还是 NPN 型；是高频管还是低频管。因为在射频电路中对三极管的频率参数要求比较高。因此，如果是用于高频小信号放大电路的三极管，主要看三极管的使用频率，其次看放大倍数；如果是用于低频大功率放大，主要就看三极管的功率、耐压、最大电流，其次看三极管的频率。对于"对管"在代换时，一定要严格配对。常用的最佳组合方式一般为：8550＋8050、9012＋9013、9014＋9015、

2N5401＋2N5551、2SC1815＋2SA1015 等。总之，不同用途的三极管代换原则是不一样的。

⑤ 部分通用型和达林顿型三极管的集电极与发射极之间在管子内部并联了一只高速反向保护二极管。部分三极管没有这只二极管，需要时要在外部并联。

⑥ 电源开关管、行管的代换。彩电电源开关管和行管工作于高反压、大电流状态，是彩电中的关键元件，也是易损件。通过大量的维修实践证明，彩电开关管和行管损坏后，如找不到原件，完全可以用代换件，只是代换时需遵循一定的原则。

a. 封装上的区别。常见的开关管和行管，一般有金属封装和塑料封装。金属封装的管子一般在早期生产的电视机中应用，现在电视机都采用塑封管，这两种封装的管子互换时要注意的是安装孔、绝缘和散热等问题。同样塑封管，有的把散热金属片（与管芯集电极相连）裸露，称之为半塑封；有的把散热金属片全部用塑料绝缘，称之为全塑封。显然，代换时最好选择同种封装的管子。半塑封代换全塑封管时，应注意加垫云母绝缘片和紧固螺钉的绝缘，以隔离散热片防止发生短路，并涂上导热硅脂压实以利散热；全塑封代换半塑封管时，应把原云母绝缘片拆除并涂硅脂以利散热。

b. 带阻尼和不带阻尼的区别。小屏幕（一般指 21 寸以下）彩电行管，在其 CE 极间内置了阻尼二极管，BE 极间也内置了一小阻值电阻，即带阻尼行管；而大屏幕（一般指 25 寸以上）彩电行管，由于增加了枕形校正电路，大多采用不带阻尼的三极管，但也有例外，如 2SD2553 就带阻尼。代换时应区分是否为带阻尼。不带阻尼的行管，应急时可以代替带阻尼的行管，但要另外加并阻尼二极管。当然，电源开关管是不带阻尼的，不能用带阻尼的管子去代换。

c. 最大电参数。开关管和行管最关键的电参数是 V_{CEO}、V_{CBO}、I_{CM}、P_{CM} 等。通过实践总结，一般彩电采用的行管和开关管电参数如表 6-1 所示。

表 6-1　彩电采用的行管和开关管电参数

类型	V_{CEO}/V	V_{CBO}/V	I_{CM}/A	P_{CM}/W
21 英寸以下行管	$\geqslant 600$	$\geqslant 1500$	$=5$	$=50$
21 英寸以下开关管	$\geqslant 600$	$\geqslant 800$	$=5$	$=50$
25~29 英寸行管	$\geqslant 600$	$\geqslant 1500$	$\geqslant 5$	$\geqslant 50$
25~29 英寸开关管	$\geqslant 600$	$\geqslant 800$	$\geqslant 10$	$\geqslant 100$

通过表中数据可知，25~29 英寸机行管、开关管可代换 21 英寸以下机行管、开关管，但增加了成本；而 21 英寸以下机的管子不能代换 25 英寸以上机的管子。

d. 行管和开关管互换原则。不带阻尼的行管原则上可代换电源开关管，但要考虑 P_{CM}、I_{CM}、H_{FE} 等参数能否符合要求；电源开关管代换行管时，除了要考虑 P_{CM}、I_{CM} 外，还要看其 V_{CBO}、V_{CEO} 等能否满足要求。例如 2SD1547 行管能代换 25~29 英寸机电源开关管，但 2SD4706 电源开关管就不能代换行管，因其 V_{CBO}、V_{CEO} 达不到要求。

通过上面的分析可知：

"以大代小"，即用耐压高、功率大、电流大、开关特性好的行管代换耐压低、功耗小的。通常行管安全工作的电流降额 $I_{CP} \leqslant 80\% I_{CM}$，功率降额 $\leqslant 50\% P_{CM}$。

若代换管是无阻尼的，可外加一只高频快恢复二极管即可。

一般在代换行管时，应遵循代换管的耐压和额定电流略大于原管，切记后者不能代换前者，否则会出现连烧行管等现象。

(6) 集成电路的代换

直接代换。直接代换有以下两种形式。

采用同一型号的集成电路进行代换：这种方法是最安全、可靠的代换方式，但需注意一点，代换集成块的型号最好与原型号的前缀字母、后缀字母完全相同，否则，有可能代换不成功。

采用不同型号的集成电路进行代换：不同型号集成电路的代换形式又分以下几种。

型号前缀字母不同、数字相同的集成电路的代换。一般情况下，前缀字母表示的是生产厂家及电路类型，前缀字母后面的数字相同，大多数可以直接代换。如不同厂家生产的 78XX 系列三端稳压器，可以直接代换，如表 6-2 所示。但需注意，有少数集成电路，虽前缀字母不同、数字相同，但功能完全不同，不能代换。

表 6-2　不同厂家生产的 78XX 系列三端稳压器

国家 半导体	上无 七厂	北京半导 体五厂	摩托罗拉	日电	东芝	日立	意法 半导体	飞兆 半导体
LM78XX	SM78XX	CW78XX	MC78XX	upc78XX	TA78XX	HA78XX	L78XX	MC78XX

型号前缀字母相同、数字不同集成电路的代换。某些集成电路前缀字母相同，而用不同的后缀数字来表示不同的电气参数，这种情况也可直接代换。如长虹公司将自主开发的控制软件写入到 TDA9370 内部，形成命名为 CH05T1602、CH05T1604、CH05T1607 等型号的掩膜芯片。CH05T1607 的软件版本比 CH05T1604 的软件版本高，CH05T1604 的软件版本又比 CH05T1602 的软件版本高。高版本的掩膜芯片可直接代换低版本的掩膜芯片。

型号前缀字母和数字都不同的集成电路的代换。不同厂家生产的同种功能的集成电路，由于它们的命名方式不一样，而功能、参数、引脚排列都相同的，这种情况也可直接代换。

检修彩电是一项技术性很强的工作，要提高检修效率，必须灵活运用各种检查方法，除了上述的几种方法之外，还有不少行之有效的方法，如对比法、模拟法、短路法、断路法、降压法、并联法等。这些方法在用万用表检查电视机时都可以采用。

6.8.6　对比、模拟检查法

对比检查法是通过比较故障机与同类型正常机来判断故障的一种方法。用此法检修无图纸、资料的彩电最为有效。具体做法是将故障机被怀疑部分所测得的幅度、电压、电阻和电流等数据与正常机上相应的数据比较，差别较大的部位就是故障所在之处。

模拟检查法是在无故障机上进行的，即将无故障机上（与故障机上被怀疑的）相应元件脱焊、短路或改变数值，观测有无相同故障现象出现。如呈现的故障现象相同，则故障元件以及损坏情况就被确定了。模拟检查法也可在故障机上进行，即将被怀疑开路（或短路）的元件脱焊（或用线夹短路），若故障现象没有变化，就证明该元件已开路（或短路）了。

模拟检查法与代换法正好相反，它是以故障机上被怀疑的元件去代换机上好的元件，看是否有相同的故障现象来判断故障的。若单件代换或模拟还不能判断故障，那么可采用整部体或单元电路板代换或模拟检查，待判断故障范围后，再细找故障元件。对比检查也可扩大范围，例如在判断故障现象时，就可以用一台性能良好的彩电作整机对比。

6.8.7 开路、短路、并联检查法

开路检查法是将某一个元件或某一部分电路断开，根据故障现象或电阻、电压、电流的变化来判断故障的。此法适合检查短路性故障。例如怀疑某元件击穿，就可将元件开路看故障现象怎样变化来分析判断故障。但应注意，此时仍存在该元件断开的故障现象。又如断开某一电路后整机电流恢复正常，则故障点就在这部分。对于用插头连接的电路，将插头拔下就可进行开路检查。

短路检查法是利用短路线夹（直流短路）或接有电容的线夹（交流短路）将电路的某一部分或某一个元件短路，从图像、声音和电压的变化来判断故障。此法既适合检查开路性故障，又可用来判断高、中频通道和伴音通道噪声、哼声来源。例如，用 1000pF 的电容线夹跨接 SAW 后，图、声出现了就说明 SAM 已损坏。

并联检查法是用性能良好规格相似或可调的元件并联到被怀疑的元件上来判断故障的。由于此法不需要脱焊电路元件，所以可优先采用。在用万用表检修彩电时，小电容开路、失效很难判断，就可用并联电容法检查。若并联后故障消失，就说明被怀疑的电容确实损坏；若并联无效或声图更差，则怀疑可排除。

第 **7** 章

故障分析与维修

虽然电视机的牌号、型号、机芯等千差万别，但电视机的原理方框图基本上是不变的，即充分利用方框图判断故障部位。具体的做法是根据各系统、各单元电路的作用及信号流程，进行逻辑维修、综合分析，最终达到缩小故障范围。所以本章以目前市场上较流行的几款电视机机型为经，以常见故障为纬，进行实例分析、检修与调试。

7.1 故障检修的步骤与顺序 ◀◀

7.1.1 故障检修的步骤

对于一台有故障的彩电来说，检修步骤大体上可分为命、缩、定、查、修、复六大步。

(1) 命→命名→给故障现象起一个专业名称

当接到一台待修的故障机时，首先要通过使用者了解情况，细心询问故障现象、发生的时间、使用的环境、出现的频繁次数及是否修过等。暂时给故障现象起一个"乳名"。其次再进行观测，观测时应遵循先外而后内，先不通电而后通电的原则，即先外观看各种操作按键、开关指示灯、天线输入线机插头等，而后再打开后壳看内部，保险管是否烧坏，元器件是否有烧焦、炸裂，最后通电（在确认无短路的情况下）观测，是否是使用者所描述的故障现象。去伪存真，就是说防止使用者因操作不当而造成的假象，确认故障现象后，确切地给故障起个"真名"。如无光栅、无伴音、行场不同步、无彩色、不存台等。这样便于后面维修、查找有关资料及疑难故障。

（2）缩→缩小→把故障发生的范围缩小到某个系统，甚至某个单元电路

通过对故障现象的细心观测，下一步应进入思考分析阶段，认真地研究故障机的原理图，整机的各系统结构，各系统、各单元电路的供电方式和信号流程。然后，把故障现象和本机的电路原理图相结合，大致判断出故障的范围。如无彩色，则可判断为解码电路工作。

（3）定→确定→确定故障部位

上述的两个步骤基本上是分析而来的，当判断出故障的范围后，接下来需要动手检查，检查方法除了直观观察法外必须借助故障仪表、仪器对故障部位进行确定。测量、判断、分析，如此反复循环进行，通过检测进一步缩小故障范围，确定故障部位。

（4）查→查找→查找故障元器件

当故障被缩小到某一单元电路时，应进一步查找故障元器件。遵循原则为：先查直流通路，后查交流通路。应熟悉彩电各晶体管或集成电路的正常工作电压，对特殊部分的电压数值应着重记忆，对其静态（无信号输入时）故障电压及动态（有信号输入时）工作电压的正常变化范围也应清楚。通过学习各种方法的测量、替换等方式，查找出故障元器件（一个或多个。）

（5）修→维修→维修元器件或电路

当排查出故障元器件后，就应进行修理或更换元器件。对于可修复的元器件，应修复处理；不能修复的元器件采用更换。更换元器件时最好采用原型号；若没有原型号时，就要考虑参数和规格相

近的代换件替代。对于部分单元电路的线路板大面积损坏难以修复时，应考虑单元电路整体代换。

（6）复→复查→老化后重新复查

当故障经过修复后，不要急于把彩电交付用户使用，应通电开机老化电视机。经过适当的老化，再复查维修的电路，摸元器件的温升，测故障电压的正常与否以及有关电路的关键点电压是否正常。防止所替换的元器件和"带病伤"的隐蔽性元器件有质量问题，使故障没有达到彻底性的排除。

7.1.2 故障检修的顺序

一台彩电基本上由超级芯片电路（包括遥控电路）、电源电路、扫描电路、公共通道、解码电路和伴音电路六大部分组成。同一故障现象，所损坏的元器件不一定相同，在维修过程中如何入手？先修哪一部分电路的故障呢？根据经验，一般遵循以下顺序：一修电源故障，二修超级芯片及遥控电路，三修光栅故障，四修图像及同步电路，五修彩色故障，六修伴音故障。

（1）一修电源故障

电源电路是彩电整机各单元电路的能源供给，是各元器件正常工作的可靠保证，因此，检修彩电时应首先检查电源电路。电源电路包括两大部分，即开关主电源电路和行扫描提供的逆程脉冲电源。在维修时，一般是先修开关主电源，次修脉冲电源。主要应检查输出的电压是否正常与稳定。对于电源部分的各个单元电路，一般检修的顺序为从前级向后级，即先修交流输入电路、整流滤波电路，再修开关电路、稳压电路，最后修脉冲变压器次级后的电路。

（2）二修超级芯片及遥控电路

超级芯片及遥控电路是整机的控制指挥中心，各种操作指令都是由它发出，由接口电路送入被控电路。超级芯片电路发生故障，整机将处于瘫痪状态或不受控状态，致使整机或部分电路不能正常工作。对于超级芯片电路检修的顺序为：先检修其工作条件，再检修其总线故障，后检查指令输入、输出电路、接口电路、电平变换电路及受控电路等。

(3) 三修光栅故障

光栅是图像显示的基础，没有光栅，即使公共通道（图像信号）完全正常也不能显示图像。在电源电路和超级芯片电路正常的情况下，第三步应检修光栅扫描电路故障。对于光栅电路的各个单元电路检修顺序为：先检修行扫描电路再检修显像管及附属电路，最后检修场扫描电路。遵循的原则是：先让显像管发光，继而看光栅的幅度，最后看光栅的质量。

(4) 四修图像及同步电路

图像是电视机要完成的最大任务之一，也是最终目标之一。因此，电视机的光栅正常之后才能进一步检修图像电路及同步电路。先维修图像电路，再维修同步电路。

(5) 五修彩色电路故障

彩色电路主要是指彩色解码器电路，这部分电路主要包括两大部分：超级芯片部分和矩阵电路部分。

(6) 六修伴音电路故障

检修伴音电路的各个单元电路顺序为：采用波形法应从前级向后级检修，采用干扰法（解除静躁情况下）等，一般遵循原则是从后向前级检修。

以上所述的检修顺序，只是一个普遍规律。对于一台故障的彩电来说，故障现象是千奇百怪的，即使同一个元器件，也因机型、电路形式的不同，而呈现出不同的故障现象，因此，在运用时，要灵活变通，通过对故障现象的认真分析、推断，从逻辑程序检修方法入手，运用仪器、仪表等测量工具作为判断依据，最终又快又好地完成检修任务。

7.2 利用方框图判断故障部位

维修电视机，应根据故障现象，利用彩电方框图及根据各系统、各单元电路的作用及信号流程，进行逻辑推断、综合分析判断故障部位。下面结合电路，分析几种常见故障，分别从故障现象、故障特点等方面，利用方框图进行故障部位的判断。

（1）故障现象：无光栅、无伴音、无字符（三无）

故障分析：正常良好的光栅是形成图像的基础，没有光栅，即使图像电路完好，也无法显像。在超级芯片彩电中，可能产生光栅故障的单元电路：超级芯片、遥控电路、电源、扫描、显像管及附属电路、亮度通道和基色矩阵电路等。超级芯片彩电出现"三无"，造成这一故障的原因有以下几方面：一是超级芯片或待机控制电路有故障；二是开关电源电路有故障；三是开关电源负载电路，特别是行扫描电路有故障；四是保护电路动作或损坏。对于"三无"故障，首先要清楚彩电伴音电路的供电方式，即由行输出电路供电还是由开关电源电路供给。这样，有助于缩小检修故障的电路范围。若伴音电路直流电压有行输出电路供电，则说明行扫描电路工作可能不正常。此时，主要是检查行扫描电路和电源电路。若伴音电路直流工作电压由开关电源供电，则要检查开关电源电路。

（2）故障现象：有光栅、无图像、无伴音

故障分析：有光栅，说明电源电路、超级芯片工作条件、扫描电路、显像管及附属电路的正常的。无图像、无伴音同时出现，故障的最大可能在公共通道、AV/TV切换电路、超级芯片的有关引脚（频段切换、选台电路等）；同时也不排除视放和伴音通道同时损坏的可能性。

（3）故障现象：有图像、无伴音

故障分析：有图像说明故障范围较小，故障发生的部位应在伴音通道、AV/TV切换电路、静噪控制电路及超级芯片的有关引脚电路等。

（4）故障现象：无光栅、有伴音

故障分析：有伴音说明电源电路基本正常；若伴音低放的供电是行输出级供电，则行扫描电路也基本正常；超级芯片的工作条件也基本具备。无光栅最大可能部位是：行扫描电路（伴音低放供电由开关电源供给），显像管及附属电路，超级芯片的有关引脚等。

(5) 故障现象：有光栅、有伴音、无图像

故障分析：有光栅、有伴音，说明超级芯片工作条件基本具备，电源电路、显像管及附属电路、公共通道基本正常。故障部位可能在解码电路、AV/TV切换电路、超级芯片有关引脚电路等。

(6) 故障现象：水平一条亮线

故障分析：该故障现象说明场扫描电路工作不正常。

(7) 故障现象：水平一条亮带

故障分析：该故障现象说明行扫描电路工作正常，而场扫描电路不正常（场幅度窄），最大可能的故障部位在场激励或场输出级。

(8) 故障现象：屏幕中心只有一个亮点

故障分析：有一个亮点，说明显像管及附属电路正常；场扫描电路不正常；行扫描电路的行输出级之前电路也基本正常（若不正常就不会有高、中压，没有高中压显像管就不会点亮一个亮点），只能是行、场偏转线圈支路有断路性故障。

(9) 故障现象：无彩色

故障分析：在接收彩色节目时，画面上只有黑白图像而无彩色，故障可能发生的部位为：超级芯片的色度通道电路、制式切换电路。

(10) 故障现象：画面缺基色偏补色

故障分析：接收彩色图像时，屏幕上重现的彩色图像颜色单调，缺少鲜艳逼真的特征。接收标准彩条时，画面缺红色（绿色或蓝色）偏青色（紫色或黄色）。如将饱和度关至最小，黑白图像也不正常。造成这种故障现象有两种可能：显像管某一枪损坏，不能发射电子束，就使某一种荧光粉不能发光，造成某一基色丢失；基色矩阵电路损坏。

7.3　I²C总线的调整

7.3.1　I²C 总线彩电的维修要点

(1) 正确区分软硬件故障

在 I²C 总线彩电中都有一个存有重要信息的 E²PROM（电可擦写只读存储器），若其间数据发生错误（如用户误调、打火引起的紊乱等）就会造成电视机出现千奇百怪的故障现象，我们称之为软件故障。软件故障与硬件故障极易混淆，正确的区分方法是结合故障现象，分析故障可能存在于哪个电路，然后进入 I²C 总线维修状态，找到 E²PROM 中存在的相关数据看其是否正确。若错误，则进行调整；若正确则可排除软件故障，进行常规维修即可。

(2) 不要盲目换元器件，特别是 E²PROM

在 I²C 总线彩电中，E²PROM 所存储的数据不仅有节目预选数据（频段和调谐电压）、音量、亮度、对比度、色度等一些模拟量数据，还要存储各被控电路的调整数据及电路状态。在电视机每次开机时，CPU 都要从 E²PROM 存储器中调出这些数据，然后通过 I²C 总线送往各被控电路。因此，若 E²PROM 发生故障，其现象也可能有违常理。若非换不可，在考虑更换新的存储器之前，应先进入维修调整状态，看是否能调出原存储器中的数据。若能，将所有数据记录下来备用。在更换新的存储器后，也应进入维修调整状态，将记录下来的数据重新写入新更换的 E²PROM 中。

(3) 要有充分的资料准备，深刻了解机器的工作原理

不能从侥幸的心理出发，直接去试换超级芯片 IC。超级芯片 IC 的引脚一般较多，由于个人焊接工艺、工具及水平的限制，盲目地怀疑、拆换，极易造成机器的不可修复，修理人员要特别引起

注意。

（4）进入维修调整状态的方法

不同厂家的机器进入维修调整状态的方法也不一样，有时甚至相同厂家不同型号的机器进入维修调整状态的方法都不一样，有些机器还设有密码，因此需要通过多积累经验和资料。

7.3.2 长虹 CH-16 系列机芯总线调整

（1）机芯介绍

长虹 CH-16 机芯是长虹公司引进飞利浦公司研发的超级芯片（TDA9370、TDA9383、TDA9373）开发的一种电视机芯。长虹公司对原始芯片 TDA9370、TDA9383、TDA9373 作掩膜处理后，派生出 CH05T16XX 系列芯片。其中，TDA9370 主要用于小屏幕彩电，而 TDA9383 和 TDA9373 主要用于大屏幕彩电。

长虹 CH-16 机芯一般都用 SF 或 PF 来代表。主要机型有 SF2115、SF2198、SF2139、SF2151、SF2598、SF2515、SF2551、SF2915F、SF2951F、SF2998、SF3498F、H29S86、PF2198、PF2598、PF2998、PF2915、SF2939、PF2986、PF3415 等机型。以下介绍的总线调整方法均适合于它们。

（2）总线调整方法

长虹 CH-16 机芯所用的遥控器型号有 K16C、K16D、K16H、K16J 等。

① 进入维修状态。使用用户遥控器将本机音量减至最小，此时荧光屏上出现红色的"静音 X"字符，按住"静音键"不放，紧接着按下本机"菜单键"（本机面板的菜单键，有时需要多停留几秒）当屏幕上出现红色的"S"，表示本机已经进入维修状态。

② 总线调试与退出。进入"S"状态后，按压遥控器（或本机键）中的"节目选择键"选择所需调整的项目。按压遥控器（或本机键）的"音量键"调整总线数据。调试完毕，遥控关机退出"S"状态，并自动记忆调试数据。

7.3.3 海尔 OM8370 机芯调试

① 调试操作方法：正常开机后，依次按遥控器"静音、屏显、-/--、屏显、静音"组合键进入工厂菜单。

按数字 0~7 键在维修菜单中快速选择；按 P+/-（CH+/-）键选择调整项目；按 VOL+/- 键调整当前项目的大小；按 MUTE 键，静音/不静音切换；按屏显退出键退出工厂菜单。按数字键 0 加速极电压调整；调整加速极，使屏幕显示由 VG2：OUTSIDE HIGH/LOW 变为 VG2：INSIDE HIGN/LOW.

② 总线调试菜单项目（共 7 个菜单）。

维修菜单一：几何失真项目。

按数字键 1，如表 7-1 所示。

表 7-1　几何失真项目（1）

项　目	内　容	调整范围
5PAR/6PAR	四角校正	0~63
5BOW/6BOW	弓形校正	0~63
5HSH/6HSH	行中心校正	0~63
5EWW/6EWW	行宽校正	0~63
5EWP/6EWP	枕行失真校正	0~63
5UCR/6UCR	上角校正	0~63
5LCR/6LCR	下角校正	0~63

几何失真校正将根据当前识别的 50/60 制式自动分类。

维修菜单二：几何失真项目。

按数字键 2，如表 7-2 所示。

表 7-2　几何失真项目（2）

项　目	内　容	调整范围	缺省值	备注
5EWT/6EWT	梯形校正	0~63		
5VSL/6VSL	场斜坡校正	0~63		
5VAM/6VAM	场幅度校正	0~63		
5SCL/6SCL	场 S 校正	0~63		
5VSH/6VSH	场中心校正	0~63		

续表

项　　目	内　　容	调整范围	缺省值	备注
5VOF/6VOF	OSD 垂直位置	0～63	39	
HOF	OSD 水平位置		25	
VX	垂直缩放	0～63	25	不可调项

　　S 校正根据显像管的曲率调整，同类型的显像管具有相同的 S 校正值。几何失真校正将根据当前识别的 50/60 制式自动分类。

　　维修菜单三：图像调整。

　　按数字键 3，如表 7-3 所示。

表 7-3　图像调整

项　　目	内　　容	调整范围	缺省值
RED	色温(红)	0～63	32
GRN	色温(绿)	0～63	32
WPR	白平衡红	0～63	
WPG	白平衡绿	0～63	
WPB	白平衡蓝	0～63	
YDFP	亮度延迟 PAL	0～15	7
YDFN	亮度延迟 NTSC		
YDAV	亮度延迟 AV		

　　白平衡：对显像管充分消磁，固定 R 激励，调整 B、G 激励。

　　维修菜单四：音量及中频、增益等调整。

　　按数字键 4，如表 7-4 所示。

表 7-4　图像调整

项　　目	内　　容	调整范围	缺省值	备注
TOP	AGC 起控点	0～63		不可调项
VOL	UOC 音量输出	0～63	44	不可调项
9874	TDA9874 增益控制	0～30	26	不可调项
AVLT	自动音量限制	0～3	1	不可调项
9860	TDA9860 副音量控制	0～100	59	不可调项
IFFS	中频	0～7	3	不可调项
HDOL	阴极电压	0～15	5	不可调项
AGC	AGC 速度	0～3	1	不可调项
VG2B	VG2 亮度	0～100	42	不可调项

　　中频 2＝38.9MHz，3＝38MHz。

维修菜单五：图像模式模拟量。

按数字键 5，如表 7-5 所示。

表 7-5　图像模式模拟量

项　目	内　容	调整范围	缺省值	备注
0CON	逍遥听模式对比度	0~100	0	不可调项
0BR1	逍遥听模式亮度	0~100	0	不可调项
0COL	逍遥听模式彩色	0~100	50	不可调项
0SHP	逍遥听模式清晰度	0~100	50	不可调项
1CON	柔和模式对比度	0~100	45	不可调项
1BRI	柔和模式亮度	0~100	45	不可调项
1COL	柔和模式彩色	0~100	50	不可调项
1SHP	柔和模式清晰度	0~100	50	不可调项

维修菜单六：图像模式模拟量。

按数字键 6，如表 7-6 所示。

表 7-6　图像模式模拟量

项　目	内　容	调整范围	缺省值	备注
2CON	标准模式对比度	0~100	65	不可调项
2BR1	标准模式亮度	0~100	50	不可调项
2COL	标准模式彩色	0~100	70	不可调项
2SHP	标准模式清晰度	0~100	70	不可调项
3CON	艳丽模式对比度	0~100	8	不可调项
3BRI	艳丽模式亮度	0~100	5	不可调项
3COL	艳丽模式彩色	0~100	70	不可调项
3SHP	艳丽模式清晰度	0~100	70	不可调项

维修菜单七：功能选项。

按数字键 7，如表 7-7 所示。

表 7-7　功能选项

项目	内　容	调整范围	缺省值	备注
OPTION1	功能选择	0~255	43	不可调项
OPTION2	功能选择	0~255	47	不可调项
OPTION3	功能选择	0~255	67	不可调项
OPTION4	功能选择	0~255	15	不可调项
OPTION5	功能选择	0~255	15	游戏选项

7.3.4　总线调整维修实例

[实例1]

故障现象：场幅增大，反复拉幕。

故障机型：海尔 25TA18-P　超级芯片 OM8373。

故障分析：故障可能在存储器。用户反映是小孩子乱按遥控器后出现这样的故障，场幅增大许多，还时不时自动拉幕（反复开关机，此时无伴音，光栅较暗）。出现这种现象，首先想到的就是总线数据出了问题。

检修步骤：进入总线维修模式，对存储器初始化操作。然后调整5VAM数据后，场幅度恢复正常。

[实例2]

故障现象：无最小音量。

故障机型：长虹 SF2111　超级芯片 OM8370。

故障分析：故障可能在伴音电路、存储器、超级芯片等。

检修步骤：

① 先调节音量加/减键，使音量最小，结果是在音量指示条处于"1"时仍能听到声音，只有"0"时才突然无声。这种现象主要是软件中的相应项目数据设置发生了变化。

② 进入维修状态，检查"音量00"项，结果显示的是"00"。调整数据到"23"，音量基本满足要求了。

[实例3]

故障现象：图像不太清晰，光栅雪花点较大。

故障机型：长虹 SF2111　超级芯片 OM8370。

故障分析：故障可能在存储器、超级芯片、公共通道等。

检修步骤：

① 检查高频头引脚的工作电压，发现 AGC（自动增益控制）的直流电压在 1.6V 左右（正常值为 4.0V）异常。

② 检查 AGC 引脚的外围元件，没有发现异常。怀疑软件有问题。

③ 进入维修模式，AGC 的数据为十六进制"30"（十进制为 48），将其下调到十六进制"1B"（十进制 27），图像显示就清晰了，故障排除。

[实例 4]

故障现象：开机或转换频道时噪声大。

故障机型：长虹 SF2987DV　超级芯片 TDA9373。

故障分析：故障可能在超级芯片、伴音电路等。

检修步骤：

① 检查超级芯片及伴音处理电路无发现问题，怀疑总线数据发生了变化。

② 进入维修模式，对总线进行调整，但调整出 OP2 参数时就自动关机。查资料可知：OP2 中的 bit6 位 XDT 是 x 射线功能启动地址位，bit6 为"1"时启动 x 射线，为"0"则关闭 x 射线。现在强制关闭 x 射线功能仍出现关机，表明超级芯片本身损坏。

③ 更换掩膜芯片 CH05T1615，再将功能预置参数 OP1（7A）、OP2（E3）、OP3（F6）、OP4（53）、OP5（58）恢复为出厂时数据，故障排除。

7.4　全无故障检修

全无故障现象是指电视机无光栅、无伴音，无字符，同时指示灯也不亮。好像没有开机一样。

故障原因分析：对于全无故障，指示灯若由开关电源直接供电，则意味着开关电源无电压输出，其原因一是开关电源本身存在故障，二是开关电源输出端上的负载电路存在严重短路。

检修思路：全无故障通常由电源和行扫描工作不正常而引起。断开电源负载，采用带假负载的方法可快速确定是哪一部分故障，然后分别按"电源引起的全无"或"行扫描引起的全无"来检修。

边学边修彩色电视机

7.4.1　由电源引起的全无

由电源引起的全无故障在实际维修中非常多。维修电源动手顺序：先判断发生故障的部位是在负载还是在电源部分。

① 先将开关电源各输出端断开，再用60W（14～21英寸）或100W（25～34英寸）的灯泡做假负载。若输出电压正常，则是负载有短路；不正常则是电源本身。若是电源问题则先检查300V是否正常，然后再查启动电路、反馈电路或脉宽调整电路及开关变压器等。

② 并联型稳压源不烧保险，过压保护电路动作。一般是开关电源的取样电路有问题，原因可能是取样电压输出回路元件有开路、取样滤波电容漏电、取样绕组开路等；取样偏置电路电阻短路或下偏电阻开路；调整电位器接触不良或引脚开路以及取样比较电路的晶体管的 β 值不符合要求；脉宽调整电路中的工作电源供电电容漏电或开路等。都可能出现上述不烧保险、过压保护电路动作或烧开关管的现象。在此情况下，先把输入电压调低再通电检修，但通电时间不要太长。

③ 串联型开关稳压源。先看整流滤波电路、开关管等元件是否损坏，若机内有响声，图像拉丝，伴音正常，则应该是开关电源的逆程脉冲没有加上；二是反馈电路中电容的放电回路有阻塞，使开关电路自由振荡，其频率低于行频，图像拉丝也是由于振荡频率低与行频不同步所造成的高频干扰。主要是在行逆程脉冲输入回路中的元件以及 RC 反馈回路中的放电二极管和电阻等。

首先应断开负载确认是电源部分不正常而引起的故障，然后检修电源。如果保险丝烧毁且发黑严重，则应检查是否有短路故障发生，通常电源开关管、电源厚膜、消磁电阻、整流桥（或整流二极管）和300V滤波电容损坏较为常见。如无明显短路，则检测300V直流是否正常，不正常则检修300V整流滤波电路损坏，正常则检修开关电源损坏。开关电源故障可分为过高（有些机型电源过高会引起保护性全无）、过低、没有输出及输出电压不稳等几种情况。

对于输出电压过高，故障应在稳压控制回路，极少数出在电源开关管和开关变压器。

如果输出电压过低，除稳压控制回路外，还应检查正反馈回路以及负载回路与开关变压器。如电源带假负载时正常，则多为电源负载故障。如果行部分正常，则可检测其他供电负载是否正常。

没有电压输出则应重点检查启动电路与正反馈支路以及电源开关管，必要时可断开控制支路以确定振荡电路是否正常，不过此时进行降压检修。除以上所述基本电路外，一些新型电视机电源多采用了许多保护电路，当这些保护电路和保护性元件不良时，也会引起电源故障，这一点应引起注意。

电源输出电压不稳定有可能由电源本身引起，也可能由电源负载引起。可采用带假负载的办法来判断是否电源故障。如确认电源故障，应重点检修稳压控制部分。如为负载不良，可参照"由行扫描引起的全无"来检修；如果行部分正常，则可检测其他供电负载是否正常。

（1）三洋 A3 电源的维修

电路图可参看长虹 SF2111 机型。

① 接上假负载后，灯泡不亮，各路输出电压均为 0V。这种情况说明电源不起振，可按图 7-1 所示的流程进行检修。

② 接上假负载后，灯泡微亮，B＋电压只有几十伏。这种情况说明稳压电路有故障，此时，可断开 VD515（光耦），看 B＋电压能否升高，若能升高，说明脉宽调整电路是正常的，故障出在取样比较放大器，或光耦本身。若断开光耦后，B＋电压不能升高，则应检查脉宽调整电路，即 V511、V512 及其周围元件。

③ 接上假负载后，电源能工作，但 B＋电压升高许多。这种现象也是稳压电路异常引起的。检修时，可将光耦发射极与集电极短路，看 B＋电压能否下降很低，若下降很低，说明脉宽调整电路正常，故障一般为光耦、V553 及其周围电路上；若短接后，B＋电压不下降，说明故障出在脉宽调整电路上，应查 V511、V512 及

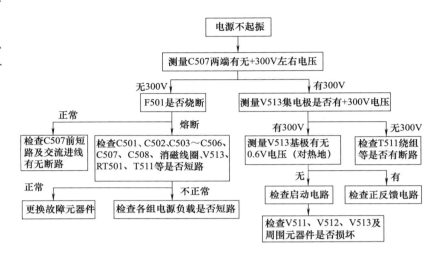

图 7-1　电源不起振故障检修流程图

其周围元件。顺便说明一点，当 B+ 电压升高很高时，很可能损坏负载，如击穿行管、行输出变压器等，因此，排除电源故障后，还必须检查一下行负载。

④ 经常损坏开关管 V513。损坏开关管的原因有如下几方面：一是 300V 滤波电容 C507 容量减小，导致纹波过大，使电源工作环境变差，开关管截止期间，初级绕组所产生的反峰脉冲增高，击穿开关管；二是并联在初级绕组上的反峰网络失效（R525 或 C516 断路），导致开关管截止后，初级绕组所产生的反峰脉冲得不到吸收，长时间加在 V513 的 ce 极之间，击穿 V513；三是 V512、C515、C517、V511 等元件性能变差，导致电源发生轻微的"吱吱"叫声，使开关管功耗加大，发热严重而损坏。更换 V512（2SC3807）时，应特别注意其 β 值，一般应选用 $\beta \geqslant 400$ 的管子，如 2SC3807、2SC2060、2SC400 等。

（2）开关电源部分关键的检测点

① 桥式整流输入的交流电压检测。该关键点电压是一个 220V

左右的交流电。检测该点电压的目的是检测交流输入电压的高低，也可以检测电源抗干扰电路和保险管及电源开关是否正常。

② 整流、滤波输出电压的检测。就是检测开关电源的主滤波电容的两端电压，正常情况下一般为 300V 左右。检测该点的目的是进一步检测电源的整流、滤波电路是否正常，桥式整流器滤波电路的输出电压大约为输入交流电压的 1.2 倍（空载 1.4 倍），通过它就能够判断这部分电路有没有故障。

③ 振荡器是否起振的检测。开关电源的振动有它激式和自激式的区别，下面分别介绍它们的检测观测点。

a. 它激式振荡电路。它激式振荡开关电源电路，在电路中有专用的振荡芯片产生振动信号，再送至开关管，开关管和振荡器电路封装到一起就是厚膜集成电路开关电源，它们的工作原理是相同的。判断振荡电路工作是否正常最直接的就是检测振动芯片的引脚电压，当然，检测的关键引脚是振动芯片的启动电源供电引脚、振荡器相关引脚，只有这些引脚电压正常才说明开关电源工作正常，振荡引脚一般为负压。

b. 自激式振荡电路。对于自激式振荡电源涉及开关变压器、开关管、正反馈回路、启动回路等。要判断开关管有没有工作在开关状态，具体的方法有：

（a）可以通过测量开关管的工作点来判断，处于开关工作状态的三极管，发射结的浅正偏或副偏，集电极电流又不为零。

（b）用示波器测量开关管基极的开关脉冲信号，开关管基极有开关脉冲波形，就表明开关电源已经起振。

（c）"DB"电压检查法，可以在开关管基极测量到有"DB"电压，就表明开关电源已经起振。

不管什么开关电源电路，当测量到输出端的任何一组有电压输出，都可以说明开关电源已经起振，与振荡器起振相关的检测电路主要有：启动电路是否提供启动电压；正反馈电路是否正常；保护电路有没有故障，导致误动作；稳压电源电路故障，导致误输出等。

④ 开关变压器次级输出端的整流、滤波的检测。可以直接检测各组电源的滤波电容两端的电压，就可以判断这部分电路是否正常，一般来说只要有一组电压正常，所有的输出电压都应该正常。如果出现某一组电源电压不正常，就应该检查该组电源的绕组和整流、滤波元件是否正常；如果也是正常的就是这一路电源的负载电路有故障。

⑤ 待机与开机，受控电源电路的检测。彩电都有待机与开机控制模式，该模式对于电源电路来讲主要有以下两种形式：一是除给超级芯片电路供电电压正常外，其他的所有电源电压都下降，下降到电路不能够工作的电压，例如达不到行扫描起振的最低电压；二是不给部分电路供电，常常是行扫描电路等。

待机与开机工作模式的切换检测关键点，应该从超级芯片的电源控制元件开始，经过控制晶体管，到电源切换晶体管的控制关系，检测这些电路的电平转换关系，这部分电路都是工作在开关状态的，三极管要么截止，要么就是饱和导通的比较好分析与测量。

⑥ 稳压电路的检测。这部分检测就是要根据输出电压变化信息的走向进行，具体的就是调整输出电压调节电位器，测量取样电压的变化，再测量误差放大输出的变化，当然，要保证基准稳压是正的调节，输出电压也随着变化，调节时哪一个环节的电压不变，就是这个部分的电路或前一级电路出现故障。

7.4.2 由行扫描引起的全无

行扫描电路不正常引起的全无故障，通常分为三种情况：一是行部分没有工作；二是行部分工作不正常，引起 X 射线保护，或过压、过流保护以及电流过大时使电源不能正常工作；三是行扫描已经工作，但行扫描辅助电源供电形成电路不良而使整机呈现全无。

如果电源正常而行部分不工作，首先检查行激励管集电极电压是否正常，正常则重点检查行输出部分，通常确定行输出管正常后检查重点应放在行输出变压器及其外围。如果行激励管集电极电压不正常，首先排除激励级本身故障，然后检修超级芯片的行振荡输出电路。

对于保护电路动作所引起的全无，应首先确定是什么保护动作。方法是逐一断开各保护支路予以排除，然后分别检查。对 X 射线保护或过压保护应重点检查行频是否过低和行逆程电容是否变小，对过流保护或电流过大使电源不能正常工作，应重点检查行输出变压器和其负载电路。至于行部分已经工作而全无的情况则比较简单，主要是检查高压、中压和低压供电电路是否正常以及灯丝供电是否正常。通常把这种情况称为"黑屏"。

全无，有冒烟现象或烧坏元件。机内有冒烟和明显烧坏元件，除了元件本身不良以外，一般来说，可以肯定存在过压或过流现象。检修的重点应首先排除过压或短路现象，然后再作其他检修。

全无，机内有异常声音。机内有异常声音，通常为行或电源工作不正常而发出。首先检测电源电压，如果正常，则是行不工作而使电源轻载的叫声，可按"行扫描引起的全无"来检修。如果电压偏低，则可断开负载，采用带假负载的方法来确定是电源故障还是行电路故障。如果是电源故障，则按"电源引起的全无"来检修，如果是行部分故障，通常是电流过大，应重点检查行输出变压器及其外围电路。同时，对电源供电的其他负载过流现象也不应忽视。

（1）行扫描电路的关键测试点

① 行激励脉冲输出。飞利浦超级芯片行激励脉冲形成电路由芯片⑯、⑰脚外电路中的元件和 IC 内部相关电路组成，行激励脉冲是从㉝脚输出。㉝脚有无行激励脉冲输出与芯片㉞脚有无行逆程脉冲输入无关。若行振荡电路由开关电源直接供电，只要开关电源为超级芯片提供的供电电压正常和芯片本身无故障，用遥控器或本机键开机，芯片开机/待机脚电压变化正常，㉝脚就应当有行激励脉冲输出；否则，㉝脚若无行激励脉冲输出，那一定是超级芯片损坏。

② 行激励管集电极电压。测量行激励管集电极电压，可说明

行激励级电路是否有正常的工作电压。该电压一般由开关电源直接供给，有高电压（B+）或低电压（低于 B+）两种形式。

③ 行输出管集电极电压。测量行输出管集电极电压，可说明行输出级电路是否得到了正常的工作电压。行输出管集电极电压在标称值±5%范围内属正常。

④ 行输出管基极电压。测量输出管基极电压，可说明行输出管是否得到了开关工作状态所需的基极激励电流，该电压大多数机芯为−0.15V。

（2）显像管各引脚电压

① 灯丝电压。灯丝电压正常值为交流 6V 左右。该电压若正常，说明行输出变压器产生了正常的行脉冲，并由此推断出行输出变压器正常（不包括聚焦极、加速极），行激励、行输出正常；若为 0V 或偏低，说明显像管无光或光暗的原因在此。这时应进一步测量行输出变压器其他输出端电压，如其他任意输出端输出电压正常，则表明故障在灯丝电压形成电路及其传输电路。如果其他输出端电压也为 0V 或低许多，则说明故障是行输出级部正常或行输出变压器本身有问题。

② 阴极电压。阴极电压正常范围为＋70～＋180V（某些机型或更高），且应随亮度、对比度的调节而变化。显像管阴极电压高低与显像管发光强度成反比，即阴极电压高，光暗；阴极电压低，光亮。

阴极电压正常，表明视频信号处理电路为显像管提供了发光的条件；阴极电压不正常，应查视频电路、亮度电路及显像管等。

③ 加速极电压。加速极电压一般在＋350V 左右。该电压可随加速极电位器的调节在 0～＋700V 变化。

a. 加速极电压正常，表明加速极电压电路正常，同时还说明行输出变压器及行扫描电路工作正常。

b. 若为 0V 或调不到适中值，还要测量显像管灯丝电压或行输出变压器其他输出端电压是否正常。灯丝或其他端电压正常，则表明加速极电压形成电路或相关的聚焦极电路有问题；若同样为 0V

或同比例低，则表明无加速极电压或加速极电压低的原因是行输出变压器未得到足够幅度的行脉冲，故障应在行输出级及此前电路。

c. 若加速极电压调不低，则是加速极电位器有问题。该电位器与行变是一个整体，一般采用整体更换。

④ 聚焦极电压。聚焦极电压正常时，可随聚焦极电位器的调节在 +800～+1500V 甚至更大范围内可调。

⑤ 阳极高压。阳极高压一般为 25kV，甚至更高。

（3）屡烧行管原因与维修

行输出管损坏是彩电最常见的故障，造成行输出管损坏的原因不外乎以下几种原因。

① 过压击穿：行输出管正常工作时，E、C 极将要承受 10 倍于其工作电源电压的行脉冲电压，所以当开关电源输出电压偏高或行逆程电容虚焊、容量减少都会使行管因工作于过压状态而损坏。

由于电源稳压系统出故障不能稳压，导致 +B 电压上升。如果 +B 电压超过 10% 以上，会产生严重过压击穿行管。这时应重点检查取样电路、误差放大器和脉宽控制电路的元件。另外，若电网电压太高，超过了开关电源允许的稳压值范围，也会造成开关电源输出电压偏高。

② 过流烧坏：当行输出变压器、行偏转线圈有短路故障时，行管的电流将会迅速增大，从而使行输出管过载而烧坏。

行偏转线圈或行输出变压器发热后，因漆包线的绝缘性能下降而产生局部短路，如果保护电路性能不佳，则会引起行管损坏。这时可用同型号正常机器相比较，通过测量行输出级电流来判断。如果开机瞬间马上就烧坏行管，此时用手摸散热片的温度较高，则说明是行偏转线圈或行输出变压器有短路，引起行管过流击穿。

常见场输出集成电路击穿导致行偏转线圈或行输出变压器绝缘性能下降，产生局部短路、行逆程电容漏电等。如果保护电路性能不完善，则会引起行管过流损坏。若保护功能完善时，表现出来的现象是行一开机就停。

③ 行频偏低：行输出管的负载（行偏转线圈和行输出变压器）

均是感性负载，因为流过行偏转线圈电流的最大值与行正程扫描时间成正比，即行频越低，周期越长，行正程时间相应变长，所以当行频偏低时，将加重行输出管的负载，结果使行偏转电流上升，使行输出管的功耗变大，当超过行管所承受的电流最大值时，使行管烧坏。引起行频偏低的主要原因是行振荡级出现异常。

④ 行激励不足：行管在正常工作时是处于开关状态的，如出现激励不足，行管将不再工作于开关状态，而是工作于放大状态，这样行管的功耗将成倍增加，行电流迅速增大引起行管发烫，一旦超过行管功耗的极限值，则会使行管再度烧坏。其时间间隔有快有慢，有的刚开机就烧坏行管，有的过一段时间才烧坏行管。若时间间隔长，不妨用示波器观察激励级的波形，可帮助找到故障原因。造成行激励不足的原因有：行激励管性能不良、行激励变压器的供电电阻阻值增大、行激励变压器周围元件有虚焊、行激励变压器初级绕组上的滤波电容变质、行振荡电路的晶振不良、集成电路中行振荡电路单独供电脚的外接电容失效造成滤波不良等。

⑤ 行逆程时间过短：在行逆程期间，会产生很高的反峰脉冲电压，这就要求行逆程电容、行输出管、阻尼二极管等元件具有很高的耐压能力。当行逆程电容容量变小、失效或环节路时，反峰脉冲电压上升，一旦超过行管的耐压值，就会出现行管换一只烧一只的结果。此时，迅速用手摸行管的散热片，若温度与未开机前差不多，则说明是因为逆程电容开路而引起的过压击穿。解决方法是将行逆程电容全部换新。

⑥ 行偏转线圈开路：此时行扫描正程后半段行管导通的时间将会大于其截止的时间，使行管在逆程时间内也短暂导通，导致行管损坏。因此，维修时要特别小心，在行偏转线圈及其回路开路的情况下，如果长时间通电检修，是极危险的。

⑦ S校正电容短路：枕校电路元件短路 使行电流大增，造成行管因过流而击穿。此外，阻尼二极管开路，高压打火，行管质量差、显像管内部跳火、AFC 电路有故障等，也会造成行管击穿。

⑧ 开关电源中的行脉冲信号耦合电容、取样电压滤波电容失

容。受附近大功率元件高温烘烤后，容易失容而变质，导致行管击穿，根治方法是将这些电容换成钽电容。

⑨ 行管型号和参数不对。这种情况在专业的厂家售后一般不会出现，但是作为个体维修或业余维修就可能遇到。特别是高清彩电行管的功率大、频率高，最好用同型号行管代换。有的行管发射结没有并联电阻，如果采用普通行管，发射结并联电阻的阻值比较小，会造成基极驱动电流小，激励不足，行电流过大（正常高清行电流在 500～600mA）而再次损坏。更换行管后测量行电流，如果原行激励变压器次级并联有缓冲电阻的，可将该电阻阻值增大，甚至取下；如果行管发射极串联有反馈电阻或基极有限流电阻的，可减小该电阻阻值，再次测量行电流，如果行电流减小就适当改变着两个电阻的阻值。

⑩ 其他。像阻尼二极管开路、高压打火、显像管内部跳火、行信号反馈电路有故障、更换后的行管质量差等，也会造成行管再次击穿。

（4）证明行输出部分有无短路

首先短接行输出变压器初级，若短接后电源恢复正常，说明存在交流短路，应看行输出变压器、行偏转线圈是否存在短路故障；否则就可以判断存在直流短路，如行管击穿等。

一般情况下，各机型彩电正常行输出级电流为：14 寸在 350mA 左右，18～21 寸在 400mA 左右，22 寸在 450～500mA。

7.4.3 全无故障维修实例

［实例 1］

故障现象：全无。

故障机型：长虹 SF2111 超级芯片 OM8370。

故障分析：故障可能在存储器、超级芯片、电源电路、扫描电路等。

检修步骤：

① 检查保险管，已经烧毁。表明电路有短路故障存在。

②　在机测量电源开关管集电极正反电阻，发现其正反电阻值为 0Ω。表明开关管已击穿。更换开关管、保险管，开机检测主电源电压正常，故障排除。

[实例 2]

故障现象：全无。

故障机型：康佳 P2960K。

故障分析：故障可能在电源电路、扫描电路、存储器、超级芯片等。

检修步骤：

①　查保险管正常，开机后测电源各路无输出。

②　测得开关管集电极只有 273V，将 300V 滤波电容拆下测量，已无容量。更换后，故障排除。

总结：K 系列机型电源保护电路较多，300V 滤波电容失容后使电源停振，而不向其他电源一样能开机看到的是 S 形扭曲的图像。

[实例 3]

故障现象：雷击后全无。

故障机型：TCL-AT2570UB，超级芯片 TDA9373。

故障分析：故障可能在电源电路、扫描电路、存储器、超级芯片等。

检修步骤：

①　打开机壳后，发现 3.15A 保险管已熔断发黑，说明开关电源部分有严重短路。

②　电源厚膜 IC801（TDA16846）封装已炸裂，经测量，发现电源开关管 Q801（k2645）、IC802（光耦）也已击穿。将上述元件一并更换后，接上假负载，测量 B+电压。此时 B+电压在 100～150V 变化，怀疑 IC803（TL431）基准稳压器性能不佳，更换之。

③　再次测量电源电压，一切正常。拆除假负载，恢复原线路后试机，故障排除。

7.5 二次不开机故障检修

7.5.1 二次不开机原因分析及检修思路

故障现象：二次不开机是指电视机电源开关接通后，电源指示灯亮，用遥控器或本机键开机，电视机无光栅、无伴音、无图像，这种现象称为三无故障或二次不开机故障。

故障原因分析：指示灯亮，说明机内已通电，开关电源已经进入了工作状态，且有电压输出，行扫描电路也无严重的短路故障。造成二次不开机故障的主要原因是控制系统电路、行扫描电路或开关电源的开机/待机控制电路有故障。

检修思路：检修二次不开机故障，最主要的是判断出故障是在控制系统电路，还是在行扫描电路及开机/待机控制电路。其故障检修判断逻辑图如图 7-2 所示。

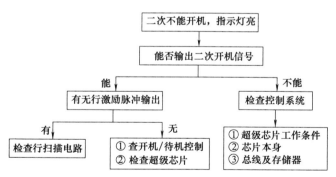

图 7-2　三无故障检修判断逻辑图

对于"二次不开机故障，指示灯亮"，应先打开电视机后盖，用遥控器或本机键开机的同时，测量超级芯片输出的开机/待机脚电压，看其是否跳变。若不能跳变，即始终处于待机的工作电压，则说明超级芯片电路部分没有进入正常工作状态，那么就要首先检查控制系统，检查控制系统的超级芯片工作条件、超级芯片本身及总线。

（1）超级芯片工作条件

超级芯片工作条件是超级芯片进入正常工作的先决条件。在飞利浦超级芯片的64个引脚中，与微处理器有关的引脚有23个，它们是IC的①～⑫脚、㉞～㊹脚，这些引脚的外部元件和芯片内部相关电路组成了控制系统电路中的微处理器。

① 供电电压。㉞、㊱、㊶这三个引脚是CPU的供电电压端，一般由开关电源直接供给+3.3V的直流电压。该电压若过高，有可能烧坏超级芯片，电压过高一般是由供电电源异常引起的；电压若过低，芯片不能启动工作，电压过低可能是由供电电源异常引起，也可能是芯片内部短路造成的，区别判断的方法是：脱开引脚，电压升高或正常，则为芯片内部短路，否则为供电电源异常。

微处理器的供电电源，不仅要有稳定正常的电压，还需要一定的工作电流。电视机工作在不同状态下的正常工作电流一般为：待机时在10mA左右，正常工作后在40mA以上。这一点希望引起维修者注意和重视！

② 时钟振荡。时钟振荡电路由超级芯片㊳、㊴脚外接元件和芯片内部相关电路组成，产生12MHz振荡脉冲信号，其中㊳脚为时钟振荡输入端，㊴脚为时钟输出端。

时钟振荡正常与否精确判断方法是用示波器进行测量波形，或用良品元件代换法，下面主要谈谈两种电压法。

一是测量晶振两端的直流电压（最好用数字表）。若不起振，晶振两端的直流电压会基本相等（约为1.55V）；两端电压相差约为0.08V，则判断振荡电路已经进入振荡状态。若不起振，应检查晶振和超级芯片。不过时钟振荡电路的振荡幅度不够或频率偏移过大，也会造成二次不开机故障。晶振外接的两只平衡电容，不接入电路不会造成时钟振荡电路不工作，若怀疑有短路现象，可采用脱开的方法进行判断。

二是测量存储器⑤、⑥脚的总线数据电压。如果时钟振荡电路工作正常，在存储器⑤、⑥脚总线接口上，用数字表可以测量到3V左右的变化电压（⑤脚为 3.05V，⑥脚为 3.29V）；若没有变化电压，则说明时钟振荡电路没有振荡。该电压变化的原因是由于振荡电压是由脉冲电压和直流电压叠加组合而成。

③ 复位电路。复位电路一般有两种形式，长虹电视机复位端直接接地（采用芯片内部电路复位），康佳、TCL 电视机中所采用的复位端设计有复位电路。复位端电压（非接地端）的变化过程是在电视机二次开机瞬间，其变化过程为高电位→低电位→零。若没有这个变化过程，则主要检查复位电路或超级芯片。

（2）超级芯片本身

超级芯片本身损坏也会造成二次不能开机。因为微处理器内部的随机存储器、电视图文检测电路、记忆器、字符信号形成显示电路等出现故障（短路），会使芯片内部的总线与微处理器的交换数据丢失或异常，从而造成不能二次开机。超级芯片本身损坏，只能用同型号带掩膜的芯片更换。

（3）总线及挂接在总线接口上的其他电路

总线接口上的电压由两种电压叠加而成，一种是由总线接口上的偏置电阻（上拉电阻）提供的直流电压，二是由芯片内部输出的代表控制信息的总线数据信号。因此，在维修时，测到的总线接口上的电压波动的不稳定状态。

总线接口电压不正常也会造成二次不开机。总线接口电压不正常会使挂在总线接口电路上的所有被控电路不能进入正常工作状态，造成总线接口电压不正常的原因，既有微处理器本身有问题，也有总线接口上拉电阻和被控电路的问题。因此，检修总线接口电压不正常故障时，第一应对总线接口上的上拉电阻及供电电源进行检查；第二应对挂在总线接口上的被控电路进行检查，检查方法是采用断开被控电路（相关模块或集成电路）总线信号输入端的方式，若断开后，能二次开机，则为断开的被控电路有故障。一般来讲，超级芯片⑤、⑥脚总线控制电压始终为 5V，则控制系统未工作；⑤、⑥脚电压在 3.2～3.4V 变化时，控制系统已正常工作。

外部存储器（E²PROM）损坏也会造成二次不开机，因为二次开机数据等存储在外部存储器中。外部存储器正常工作所需的电源电压由开关电源提供，工作电压一般为＋5V，首先应判断该电压是否正常。外部存储器损坏只能通过代换进行判断，当然，该存储器是不能随便断开的，有些电视机可用空白的存储器代换判断，有的需要写有程序的来进行判断。若存储器硬件损坏，只能更换；若软件损坏，可重写存储器数据来维修。

本机键控损坏也会造成二次不开机。本机键控输入电路常有两种形式：一是有两个本机键控电压输入接口（TDA9370采用）；二是有一个本机键控电压输入接口（TDA9383采用）。本机键控损坏的判断方法如下。第一种电路形式，可将超级芯片的两个本机键控输入端从电路中脱开（必须保证指示灯一路连接完好）。若脱开后，电视机能从待机状态转为正常工作状态，则说明造成电视机二次不开机故障在本机键控电路，此时检查本机键控键和键控电压输入端口的电路板即可排除故障；若脱开后，电视机不能由待机状态转为正常工作状态，则故障与本机键控电路无关。第二种电路形式，可将本机键控电压输入端脱开，用一只3.9kΩ的电阻接在脱开的脚上（电阻的另一端接入5V电源上），后用遥控器开机，若电视机能正常工作，则表明本机键控电路有故障，否则说明电视机故障与本机键控电路无关。

如果开机瞬间开机/待机电压有变化，则说明超级芯片微处理器部分能进入工作状态，外部存储器也基本正常。电视机这时二次没有开机，就要检查超级芯片的其他供电端、行场扫描电路、开机/待机控制电路等。

在检修TDA93XX系列超级芯片彩电时，也可观察二次开机时，待机指示灯的闪亮情况，即待机指示灯是始终处于点亮状态还是熄灭后又点亮。

若待机指示灯始终处于点亮状态，则应检查超级芯片的供电电压和复位电压是否正常、存储器的供电电压是否正常、时钟振动电路工作是否正常。若以上各项均正常，则是超级芯片、存储器损坏或存储器数据异常，可通过更换超级芯片、存储器或重写存储器数据来解决。也可将存储器拆下后再试机，若开机后光栅重写，则是存储器损坏或数据有误。

若待机指示灯熄灭后又点亮，则超级芯片内部的 CPU 部分工作正常，故障为行扫描电路未正常工作，导致电视机处于保护状态。可检测超级芯片㉝脚在开机时输出的行激励脉冲是否正常，若该脚脉冲输出正常，则表明超级芯片内部的行振荡电路工作正常，故障应在此之后，即故障在行激励级或行输出级、保护电路、EHT 检测电路等；反之，㉝脚若无脉冲输出，则为超级芯片内部的行振荡电路有问题，故障在超级芯片或其供电电路。

若二次开机待机指示灯闪烁几秒钟后熄灭，则故障在超级芯片或复位电路。

7.5.2 二次不开机维修实例

[实例 1]

故障现象：红灯点亮，不能二次开机。

故障机型：海尔 29F9D-T 超级芯片 TMPA88XX。

故障分析：故障可能在超级芯片、存储器、电源电路、扫描电路等。

检修步骤：

① 检测超级芯片的各引脚电压，基本正常。引脚正反电阻值也没有大的异常。

② 用替换法试代换晶振 X201，故障排除。

[实例 2]

故障现象：红灯闪烁，不开机。

故障机型：长虹 PF29118 超级芯片 OM8373PS。

故障分析：故障可能在超级芯片、存储器、电源电路、扫描电路等。

检修步骤：

① 测量主电源电压＋B 为 140V（正常值为 145V）且抖动，

测量 C871 两端电压为 2.2V（正常值为 3.3V），表明电源电路有问题。

② 继续检查发现是 3.3V 稳压电路中的 V871 偏置电阻变值，更换该电阻，故障排除。

［实例 3］

故障现象：指示灯点亮，但不能开机。

故障机型：海尔 21TA1-T　超级芯片 OM8370。

故障分析：故障可能在超级芯片、存储器、开机/待机控制电路、扫描电路等。

检修步骤：

① 测量超级芯片的开关机控制①脚电压为 2.4V，操作遥控器和按本机键盘都不能二次开机，该引脚电压始终不变。测量主电源电压为 75V，表明彩电处于待机状态。

② 将存储器 N202 的⑤脚、⑥脚与印制板脱开后试机，能二次开机。表明存储器有问题。

③ 用拷贝好数据的存储器代换，试机可以二次开机了，但发现图像中心有偏移现象。

④ 进入总线模式，调整行场重显率数据，图像正常了。

［实例 4］

故障现象：灯亮不开机。

故障机型：TCL　AT29106B。

故障分析：故障可能在超级芯片、存储器、开机/待机控制电路、扫描电路等。

检修步骤：

① 检查 B＋及各组电压输出均正常，按节目键灯灭。

② 检测 IC201（TDA9373）的㉝脚有行脉冲输出，行推动管基极有 0.4V 电压（正常），行推动管集电极电压由待机时的 B＋135V 降至开机时的 95V 左右，这说明行振荡电路产生了振荡且行推动基极回路无漏电、开路、短路现象。而行推动管集电极电压既高于正常工作电压 55V 左右，又低于 B＋电压；说明行推动级完

成了对行脉冲的倒相放大任务，故障在行管基极回路开路造成行管集电极负载变轻所至，故障部位在行推动变压器次级、行管基极短路线、电感及行管本身等；经仔细检查发现行推动变压器次级至行管基极之间铜箔有开路现象，刮开绿漆补焊之，故障排除。

[实例 5]

故障现象：指示灯亮，二次不开机。

故障机型：TCL-2999UZ，采用超级芯片 TDA9380，属于 UOC 机芯。

故障分析：故障可能在超级芯片、存储器、开机/待机控制电路、扫描电路、保护电路等。

检修步骤：

① 测量 B+ 端 135V 正常，TDA9380 的工作电压 3.3V、+8V 均正常。

② 再测行激励管 Q401 基极电压为 1.9V（正常电压约 0.7V）。这种情况多是因为超级芯片内部保护电路起控造成的。

③ TDA9380 保护信号接入点是㉞、㊱、㊾脚。㉞脚为行逆程沙堡脉冲输入，㊱脚为超高压过压保护输入，㊾脚为束电流保护输入，任一输入端异常都可能进入保护状态。

④ 最后在路查得㉞脚这一路的 R405 几乎短路，拆下并在 R405 上的 C406 测量已击穿，更换电容，故障排除。

7.6 光栅问题故障的检修

7.6.1 黑屏

故障现象：黑屏的故障现象为有伴音、无光栅但显像管灯丝亮，其可能故障现象有两种：一是一开机就不出现光栅；二是开机后光栅立即出现，但很快变得很亮，然后突然消失或关机可能出现瞬间亮光现象。

故障原因分析：有伴音表明电源电路、控制系统、总线通道、公共通道及行扫描电路等基本正常。

若一开机就不出现光栅，说明显像管不具备发光条件（即束流截止）。除显像管本身外，可能的故障部位是显像管供电电路。显像管的加速极电压、高压、灯丝电压都是由行输出电路提供，而阴栅电压与亮度通道有关，因此故障出在输出级高、中压电源和灯丝电压部分，或亮度通道（包括 ABL 电路、黑电流检测电路）。若开机后光栅迅速变得很亮而后突然消失，说明故障是由于束流过大，过流保护电路动作引起的，其故障大部分出自亮度通道。

出现黑屏的主要原因有显像管损坏、末级视放电路有故障、加速极电压异常、暗电流（黑电平）检测异常或束电流检测异常、超级芯片的㉞脚无沙堡脉冲信号输出或㊱脚的高压反馈信号异常使芯片进入保护状态。此外，存储器损坏、数据异常等也会出现黑屏故障。

检修思路：检修时，先观测显像管灯丝是否发光。若灯丝不亮，则是显像管灯丝断路或灯丝供电电路由开路故障，应检查灯丝供电电路中的限流电阻是否开路或脱焊，插接件是否接触不良等。若显像管灯丝亮，则说明灯丝供电电压基本正常，可将显像管某阴极瞬间对地短路一下（增大阴极电流），看荧光屏上是否有较亮的单基色光栅出现。

若将显像管某阴极对地短路后，屏幕上出现较亮的单色光栅，则故障在 ABL 电路或超级芯片内部的 RGB 基色信号输出接口电路。对于超级芯片是东芝 TMPA88XX 系列的电视机，可测量超级芯片㊾脚的（RGB）供电电压是否正常，若该脚电压异常，则是该元件外接的电感开路、电容漏电或超级芯片内部损坏。还应检查超级芯片㉗脚外接元器件是否损坏，若该脚外接元件正常，则是超级芯片损坏。

对于飞利浦 TDA93XX 系列机芯，造成黑屏故障的主要原因是暗电流（黑电平）检测异常或束电流检测异常、显像管加速极电压调节不当、超级芯片的㉞脚无沙堡脉冲信号输出、㊱脚的高压反馈信号不正常，使超级芯片进入不正常状态。

若将显像管加速极电压调高时，屏幕上可以出现两边不到头的水平亮线，对于超级芯片 TMPA88XX 系列的电视机则是芯片⑮脚外接的场锯齿波波形电容性能不良或超级芯片内部的场锯齿波脉冲形成电路有故障，使超级芯片内部的沙堡脉冲无法出现，⑯脚也无场激励脉冲输出。

另外，行输出变压器内部损坏，使显像管的加速极电压和高压偏低或消失，也会出现黑屏故障。

在检修黑屏时，在开机的瞬间听一下是否有高压声，能听到"唰"的一声，或用手背试一下显像管正面有静电感应，即汗毛有被吸引的感觉，表明高压基本正常。

7.6.2 水平一条亮线或亮带

故障原因：水平一条亮线或亮带说明场扫描电路没有工作或工作异常，场扫描电路中场振荡、场激励、场输出的任何一单元电路有问题，都将导致出现这种故障。

采用直流耦合、BTL 形式的场输出集成电路（如小屏幕采用的 TDA8356、大屏幕采用的 TD8350Q），其输入端的直流电位是否平衡直接决定着输出端的直流电位是否平衡，维修过程中，若需判断场输出厚膜是否损坏，也可采用短路输入端使其直流电位相等的方法（短路前应将输入端从超级芯片输出端脱开），若短路后输出端的电压基本平衡且电压值为场正程供电电压的一半左右，则表明该厚膜正常，反之则表明已损坏。

场厚膜（BTL）电路造成水平一条亮线主要原因有：①场厚膜输出端内部断路损坏；②场厚膜无正、负极性的锯齿波输入；③场偏转线圈所在回路断路。检修时，可先在路测量场偏转线圈是否接入电路；再测量场厚膜输出端对地电阻，若为无穷大，则表明厚膜输出端断路；最后通电测量厚膜的输入端电压或波形，以确定故障部位。

7.6.3　垂直一条亮线

故障现象：垂直一条亮线或亮带。

故障原因：垂直一条亮线或亮带故障一般较为少见，有亮线或亮带出现，说明行、场扫描基本正常，问题只是在行偏转线圈输出回路，通常为接触不良、行偏转线圈断路损坏或该回路有断路性故障。在实际维修中发现，彩电行偏转支路出现虚焊、脱焊、接触不良的情况很常见。先重点观察行偏转线圈插座、行线性电感、行幅电感引脚是否出现虚焊或打火的痕迹，若无异常，再检查或更换行偏转线圈、S校正电容。注意，检修此故障时，请不要长时间通电检修，否则可能会击穿行管，使故障扩大。

7.6.4　光栅暗

故障现象：光栅暗，亮度不足。

故障原因：此故障与 ABL 自动亮度控制电路、暗电流检测电路、GRB 三基色信号处理电路、显像管和行输出变压器等有关。此外，加速极电压过高、灯丝限流电阻变大、阳极高压降低、显像管老化也会使光栅变暗。

检修时，可先微调一下行输出变压器上的加速极电压调节电位器，将加速极电压略调高，观察光栅亮度是否能恢复正常。若调高加速极电压后效果不理想，则应分别检测超级芯片的三基色输出电压是否正常，若电压不正常，则应检查 ABL 电路、暗电流检测电路和视放电路是否有损坏元器件。若超级芯片的外围元件均正常，则是超级芯片内部有问题。

加速极电压过低，通常为加速极滤波电容漏电引起；灯丝限流电阻变大，使阴极发射电子能力下降而使光栅变暗；阳极高压降低也会使光栅变暗，但同时图像将会扩大和变得模糊，这一点是与单独的光栅变暗所不同的。

7.6.5 亮度失控

故障原因：光栅过亮，一般有如下几种情况：一是视放电路中压供电电路不良，而使中压降低或消失；二是超级芯片内部亮度、对比度控制电路及字符显示消隐信号不良（包括数据不正常）；三是显像管内碰极或视放管之一损坏，也会使光栅过亮，但此种情况一般先为较亮的单色光栅，然后随着亮度增加逐渐变白且通常会引起束流保护。

7.6.6 东西几何失真

一般来讲，在采用总线控制技术的彩电中，光栅东西方向上出现几何失真，一是总线数据中涉及几何失真的数据出了问题（丢失或变小了），二是几何失真脉冲形成和功率放大输出电路有故障。前者为软件调整或重写数据问题，后者为电路中有硬件损坏。在飞利浦超级芯片彩电中，只有 25 英寸以上的大屏幕才有东西方向几何失真校正电路。检修这类故障时，一般是先进入维修模式，选中几何失真调整项进行调整，在调整不能排除故障时，再对几何失真校正脉冲功率放大电路及输出电路进行检查即可排除故障。

7.6.7 行场不同步

故障现象：行不同步也叫水平不同步。其现象是无图像，屏幕上有倾斜的黑白条，行频偏移越多，黑白条越宽；行频偏移越小，黑白条越窄。

故障原因分析：超级芯片⑰脚为鉴相 1，它影响芯片内部VCO（压控振荡）振荡频率及相位，该脚外接元件损坏或变质，轻者会引起行不同步，严重者行场不同步或无图像。

检修要点：行不同步主要应查超级芯片⑰脚外接元件是否正常，当外接元件有问题时，将造成该脚电压比正常值 4 V 低，轻者造成图像左右晃动，重者造成行不同步；若外接元件正常，则需更换超级芯片。

7.6.8 光栅问题维修实例

[实例1]

故障现象：黑屏，伴音正常。

故障机型：康佳 F2109C 超级芯片 TDA8839。

故障分析：故障可能在视放电路、显像管、阴极反馈电路等。

检修步骤：

① 测量三个视放管集电极电压为 180V 基本正常，而三个基极电压都为 0V 不正常。

② 测量超级芯片三基色输出端⑲～㉑脚电压为 0.5V（正常值为 1.2V）异常。

③ 仔细观察可以发现，开机后虽然是黑屏，但屏幕上方有一红一绿的两条亮线，怀疑蓝电路有问题，而致使黑电流检测保护电路动作。

④ 检测蓝视放管已损坏，更换蓝视放管，故障排除。

[实例2]

故障现象：更换行输出变压器后，出现黑屏。

故障机型：海信 TC2988UF 超级芯片 TDA9373。

故障分析：故障可能在行场扫描电路，超级芯片，存储器，保护电路等。超级芯片 TDA9373 设有暗电流检测电路，如加速极电压调整不当，会导致光栅异常甚至黑屏现象。加速极电压过高时，会出现光栅抖动明显，屏幕时暗时亮，且幅度严重不足，这是因为束流增大，导致高压上升影响行幅的结果。加速极电压过低，灯丝发射电子束减弱，会出现黑屏。

检修步骤：

① 断开后盖，开机观测，发现行输出变压器对地有打火现象，导致立即关机。仔细观测行输出变压器，发现表面有一条小裂缝。

② 更换同型号的行输出变压器。更换后试机，有光栅，但光栅有明显的抖动且有时暗有时亮，好似黑屏。

③ 调整加速极电压，屏幕上出现带回扫线的光栅，还是不正常。

④ 本机采用束电流检测电路和暗电流检测电路，检查这两部分电路。检测束电流㊾脚电压为 1.1V（正常为 2.5V）左右，暗电流㊿脚电压为 3.5V（正常值为 4.5V），均不正常。脱焊下㊾脚后试机，屏幕出现正常光栅。说明束电流检测电路有故障。继续仔细检查，发现二极管 VD409 损坏。更换该二极管，故障排除。

［实例 3］

故障现象：有伴音，开机后黑屏，关机时有亮光闪一下。

故障机型：TCL　AT2921A　超级芯片 TDA9373。

故障分析：故障可能在视放电路、保护电路等。

检修步骤：

① 根据经验直接检查视放电路板，发现 Q512 电压异常，拆焊下三极管 Q512，发现已经损坏。

② 更换三极管后，故障排除。

［实例 4］

故障现象：开机指示灯亮，无声而黑屏。

故障机型：TCL-AT2190U。

故障分析：试机发现在关机瞬间出现水平亮线一闪。根据故障现象，初步判断问题出在场部分。

检修步骤：

① 开机测场输出厚膜供电电源正常，但①、⑦输入端的电压只有 0.58V。再查 TDA9370 的㉕、㉖脚，场激励输出也偏低。

② 代换超级芯片 TDA9370、场输出厚膜块 TDA9302H，故障没有排除。

③ 检查 R217（39k）、C222（100n），正常。

④ 测 TDA9370 各脚电压时发现㊴脚（VP1）只有 2.2V，明显偏低。查其外围，发现 L202（10μH）内阻增大，更换后，故障排除。

［实例 5］

故障现象：无图像，光栅呈斜条状，伴音正常。

故障机型：长虹 PF29118　超级芯片 OM8373PS。

故障分析：故障可能在存储器、超级芯片、电源电路、行扫描电路、同步分离电路等。

检修步骤：

① 伴音正常，表明电源电压基本正常，超级芯片工作条件基本正常，伴音功放正常，公共通道基本正常，故障范围可能在同步分离电路。

② 检查超级芯片⑯脚电压正常，检查⑰脚电压为 2.9V（正常值为 2.6V）异常。检查⑰脚外围元件，发现电容 C158 失效。更换电容，故障排除。

[实例 6]

故障现象：无光栅，有伴音。

故障机型：康佳 P2962K　超级芯片 TDA9383。

故障分析：故障可能在超级芯片、存储器、显像管及附属电路、亮度控制电路、保护电路等。改机芯为 TDA9383，其⑩脚为黑电平检查端子，它的工作电压正常与否会对光栅造成影响，应先重点检查。⑩脚除了通过 R385 与视放输出电路相接外，还有一只钳位二极管 VD389 接到+8V 电源上，当该脚电压过高时，VD389 导通将电压钳位在 8V，以保护超级芯片不被损坏。

检修步骤：

① 将 VD389 脱焊开一端，开机后光栅正常。测量该二极管正反电阻，发现已损坏。

② 更换钳位二极管，故障排除。

[实例 7]

故障现象：行幅度大，失真。

故障机型：海尔 8829 机芯　超级芯片 TMPA8829。

故障分析：故障可能在行扫描电路、超级芯片、存储器、校正电路等。

检修步骤：

① 进入总线状态，调整行幅度、枕形失真调整项目，调整不

起作用。表明故障在硬件电路。

② 检查枕形校正电路。测量枕形校正三极管 V403 的集电极电压为 8.2V，明显偏低。继而检查发现阻尼二极管 VD413 漏电，更换 VD413 后故障排除。

［实例 8］

故障现象：光栅上部有压缩现象且有明细的亮线。

故障机型：海尔 8829 机芯　超级芯片 TMPA8829。

故障分析：故障可能在场扫描电路、电源电路、校正电路等。

检修步骤：

① 测量场供电电压正常为 27V。

② 检查电容 C303 正常；代换场厚膜 N301，故障依旧。

③ 测量偏转线圈的电阻值为 9Ω，正常值在 7Ω。代换偏转线圈，故障排除。

［实例 9］

故障现象：枕形失真。

故障机型：TCL　NT25A11。

故障分析：电视机出现枕形失真，应先进入总线维修状态，查看总线数据是否出现异常，数据若有变化可调整之；若数据正常，再继续检修枕校电路。该机型属于 UL21 机芯。

检修步骤：

① 进入总线状态后，几何数据不可调。

② 测量枕校电压为 +13V，基本正常。

③ 检查校正信号电路，发现电阻 R411（10kΩ）变值，更换后故障排除。

［实例 10］

故障现象：水平一条亮线。

故障机型：TCL-AT2975，采用超级芯片 TDA9373。

故障分析：故障可能在场扫描电路。

检修步骤：

① 测量场厚膜 TDA8359J 的供电情况，⑥脚 45V 电压正常，

③脚 14V 供电为 1.5V。

② 脱开 R304（与 D432 相连的一端），在滤波电容 C434 上测量＋14V 供电电压，依然很低；测 D432 正极端的行脉冲正常。故判断 D432 损坏。

③ 更换整流二极管 D432（FR104），故障排除。

[实例 11]

故障现象：屡烧场厚膜集成电路。

故障机型：TCL-2999　超级芯片 TDA9380。

故障分析：故障可能在超级芯片、存储器、扫描电路、电源电路等。

检修步骤：

① 打开后壳，测量场厚膜（TDA8359）供电端子⑥脚对地正反电阻，正反电阻几乎为 0，表明场厚膜已经击穿。

② 拆卸下场厚膜集成电路。开机测量主电源电压为 150V（正常值为 135V），说明场厚膜损坏是由于主电源电压过高引起的。

③ 检查电源电路。检查发现 IC901 外接电阻 R805 变质，更换该电阻，故障排除。

[实例 12]

故障现象：行幅大，枕形失真。

故障机型：TCL-AT2965U　超级芯片 TDA9380。

故障分析：根据故障现象分析，与总行数据及枕校电路有关。

检修步骤：

① 进入工厂菜单调行幅不能调小；调枕形，枕校管 Q447 基极电压有变化，集电极电压最高只能调到 12V。表明不是数据有问题。

② 测 C415（50V/4.7μF）无极性电容无容量，换新后故障排除。

总结：测电压时，枕校管集电极电压越低，行幅就越大。

[实例 13]

故障现象：开机后行幅度缩小。

故障机型：海尔 8859　超级芯片东芝。

故障分析：故障可能在电源电路，行扫描电路，超级芯片等。

检修步骤：

① 开机观测，发现看一会，机内就出现尖叫声，同时行幅度缩小并反复收缩。

② 测量主电源电压＋B 在 110～123V 变化，电压 IC N501 严重发热。继续检查，发现开关变压器初级绕组的二极管 VD510 性能不良。更换该二极管后，故障排除。

7.7 图像问题故障的检修

7.7.1　有光栅、无图像、无伴音

电视机光栅正常，说明超级芯片的总线接口电压和总线信号输出/输入正常。检修电视机光栅正常，无图像、无伴音故障时，应当首先观测电视机屏幕上有无噪波点。若无噪波点，输入视频信号时也无图像，应当判断故障在超级芯片；若输入视频信号有图像，则应当判断故障在由超级芯片组成的图像中频信号处理电路。此时，若查得与中频信号处理电路相关外接元件无故障，应当判断故障在超级芯片。如检修过程中，发现屏幕上有噪波点，手持螺丝刀金属部分，从高频头 IF 端子注入人体感应信号，若屏幕上出现较为明显的雪花噪波点或干扰纹，则表明高频头以后的电路是正常的，此时可用万用表检测高频头的 VT（调谐）端子与地电压，开机后让电视机进入自动搜索过程。正常情况下，在全部搜索过程中，该电压应从 0 到 30V 慢慢变化三次。若无变化或变化异常，可测量高频头的 L/H 端子电压，再进入自动搜索状态，正常时该点电压从 0 到 4.5V 变化三次。否则，前者为 33V 调谐供电电压异常或电平变换三极管损坏及外围元件有异常；后者为超级芯片内部损坏。

7.7.2 有光栅、无图像、有伴音

当出现"有光栅、有伴音、无图像"故障时，首先要对伴音和光栅质量（好坏）的确定，若虽有伴音但图像不佳，则按"无伴音无图像"故障进行检修，一般为公共通道有问题所致；若光栅不正常，有回扫线或过亮，则一般为亮度、显像管本身、ABL 及有关电路有问题；若屏幕上出现行不同步现象，主要应查超级芯片行同步分离有关引脚外围元件及芯片本身，行 AFC2、AFC1 锁相环滤波电容、行逆程输入端等电路。

在伴音正常的情况下，应查超级芯片的图、声分离电路，即射随器、陷波器等，需逐级进行检查。

有伴音说明公共通道是正常的，多制式第二伴音中频陷波和选择电路、TV/AV 视频切换电路也是正常的（多制式第二伴音中频陷波和选择电路、TV/AV 视频切换电路发射故障，现象为蓝屏，且伴音静噪），故障应在解码电路或视放电路；将机子置于 AV 状态，输入外部视频信号，若仍无图像，则可确定是解码电路或视放电路的故障。

7.7.3 存台问题

能自动搜索，但不能存台，是指在搜索时能搜索到清晰的电台，但图像一晃而过，不能识别存储。超级芯片机型彩电，通常此故障出在如下三个部分：一是 AFC 滤波电路损坏；二是超级芯片本身有问题；三是存储器有故障；四是超级芯片无同步信号输入。

搜索时可看到一个或多个节目，搜索完毕后也可正常收看，但只要一换台或关机后再开机，所观看的电台即消失，此种故障表现通常为存储器不良。

检修时，应先测量超级芯片引脚的同步信号是否正常。该同步信号是超级芯片的电台识别信号，可用示波器观测，也可通过用万用表测量该引脚电压的变化来判断。若该引脚没有同步信号输入，

则故障在该引脚外接的同步分离机同步放大电路；若同步信号正常，则是超级芯片内部电路损坏或存储器有问题，可更换超级芯片或存储器。

7.7.4 图像问题维修实例

［实例1］

故障现象：电视图像有锯齿波干扰现象。

故障机型：海尔8859 超级芯片东芝。

故障分析：故障可能在高频头，超级芯片，中频电路，预中放电路、自动增益控制（AGC）等。

检修步骤：

① 测量主电源电压基本正常。

② 怀疑行激励电路有故障。检查行激励三极管、激励变压器，都正常。

③ 脱焊开枕行校正电路后，图像正常了，只是行幅度小，且失真。更换三极管 V403 故障排除。

［实例2］

故障现象：TV 状态下图像扭曲且暗淡，但 AV 状态下图像正常。

故障机型：海尔 29F3A-P 超级芯片 TDA9373。

故障分析：故障可能在视频处理电路。该电路信号流程为：N201 ㊳脚→V209、V206、Z203、Z204、Z201、Z202→V210、V211→N201 ㊵脚。本机的视频输出（AV OUT）也是在㊵脚同时输出。

检修步骤：

① 断开三极管 V212 后，开机发现图像显示正常了。拆卸下 V212，发现已经损坏。

② 更换 V212，试机一切正常。

［实例3］

故障现象：图像暗淡，其他都正常。

故障机型：TCL AT21276 超级芯片 OM8370。

故障分析：故障可能在超级芯片、存储器、亮度电路、显像管附属电路及本身等。

检修步骤：

① 用 AV、TV 信号测试故障现象相同，怀疑亮度信号电路有问题。

② 断开超级芯片 IC201 的㊾脚 BCLIN 自动亮度控制引脚，图像没有什么大的变化。

③ 测量加速极电压为 380V 左右基本正常，调整加速极电压故障不变化。

④ 进入维修模式，调整 ABL 参数也没有变化。

⑤ 检查视放级工作电压及工作状态，没有发现异常。

⑥ 更换超级芯片，故障排除。

［实例 4］

故障现象：有字符显示，呈蓝屏且有回扫线，无图像，无伴音。

故障机型：康佳 P2979K　超级芯片 TDA9383P。

故障分析：故障可能在超级芯片、存储器、显像管附属电路及本身、扫描电路、高中放电路等。

检修步骤：

① 打开后盖，仔细观测后，发现视放板上的电阻 R502、R509 已烧焦。更换这两个电阻。

② 继续检查发现视放板的 V503、V504 也已损坏，更换这两个三极管。

③ 更换以上四个元件后，开机观测出现黑屏、有字符。测量超级芯片㊿脚电压为 3.5V（正常值为 6.2V），检查外围元件没有异常。怀疑超级芯片损坏。

④ 更换超级芯片，故障排除。

［实例 5］

故障现象：不能接收 H 段节目。

故障机型：TCL-AT34187，采用超级芯片 OM8373，属于 UL21 机芯。

故障分析：故障可能在超级芯片、存储器、高频头等。

检修步骤：

① 开机，使电视机处于自动搜索状态下，测得高频头 L/H 端子上无高电平。脱开高频头 L/H、U/V 两脚，再测仍无频段切换电压。

② 表明与高频头无关，故障应出在 R105 和译码电路 D102、Q103、Q104 上，仔细检查发现 D102、Q103、C124 均损坏。更换这几个元件后，故障排除。

[实例 6]

故障现象："热机"后有伴音无图像。

故障机型：康佳 P29SK383，超级芯片 TDA9373。

故障分析：故障可能在超级芯片、存储器、视放解码电路等。

检修步骤：

① 细心观察故障现象，刚开机时伴音、图像正常，大约 10min 后出现有伴音无图像的故障。在收看节目时还发现部分台的图像行、场不同步，个别台能收看节目，但是黑白图像。

② 外输入 VCD 信号试机，故障现象依然，表明故障范围不在高频接收电路。

③ 有"伴音"说明预视放之前电路基本正常，"不同步"说明同步分离级、行振荡级及有关电路有问题。TDA9373⑯脚（外接鉴相器滤波电容 C124）和⑰脚（外接由 R123、C116、C117 组成的鉴相器滤波电路）与内部的行场同步分离电路、行振荡电路相连接。

④ 测量 TDA9373⑯脚电压为 3V 正常，而⑰脚电压只有 3.3V（正常值为 4V）。检查电阻 R123 阻值正常，代换电容 C116（0.47μF/35V）后试机，故障排除。

7.8　彩色问题故障的检修 ◀◀◀

7.8.1　无彩色

这里的无彩色故障，是指电视机有稳定的黑白图像。超级芯片中没有专门的副载波振荡电路，彩色副载波是由微处理器中的时钟信号经分频后产生的，当时钟偏离正常值时，就有可能导致无彩色的现象，此时，应对超级芯片脚外部的时钟振荡进行检查。在维修无彩色故障时，若替换晶振无效，就只能靠进入总线调整相关项目数据，若还不能排除故障，则一般是存储器不良或软件数据紊乱，最后再考虑更换超级芯片即可。

TDA 超级芯片的⑤脚电压决定 YUV/RGB 输入模式，当⑤脚电压大于 1V 时，超级芯片支持 YUV 输入方式，此时，要求⑦、⑧及⑥脚分别输入 Y（亮度）、U（B-Y）及 V（R-Y）信号。若⑤脚电压小于 1V，超级芯片将支持 RGB 输入方式，此时，要求⑥、⑦及⑧脚分别输入 R、G、B 信号。绝大多数 TDA 超级芯片彩电设有 YUV 输入端子，⑤脚电压设置在 1V 以上，若⑤脚外围电路出现故障而引起该脚电压小于 1V 时，彩电就不能接收外部 YVU 信号的故障。

目前，在采用飞利浦 TDA 超级芯片彩电中，Y/C 分离采用两种方式：一是直接利用芯片内部的 Y/C 分离电路直接进行 Y/C 分离；二是在超级芯片外部设计专用 Y/C 分离电路（数字梳状滤波器）进行 Y/C 分离。前者多用于小屏幕彩电，后者多用于大屏幕或某些机型（如 TCL "U" 系列 Y/C 分离电路由 TDA9181 担任）彩电，方案选择由总线数据控制。对于有独立 Y/C 分离电路彩电的无彩色故障，当然还需考虑 Y/C 分离电路是否工作正常。

TMPAXX 系列超级芯片彩电的色度处理电路和 Y/C 分离电路均集成在超级芯片内部，外接元件较少。检修时，可先检查超级芯片⑦脚外接的锁相环滤波元件（尤其是电容）是否损坏。若⑦脚外接元件正常，在进入总线调整状态，检查总线数据是否正常，若总线数据也正常，则是时钟振荡电路元件性能不良或超级芯片内部电路损坏。

7.8.2　单基色与复色

末级视放电路造成的彩色不正常主要有单基色和缺基色偏

补色。

（1）单基色故障

单基色故障现象：屏幕上只有单一的红色、绿色或蓝色。

单基色故障分析：三基色信号中，当一路损坏时相应的显像管阴极电位降低，或两路损坏使相应的两个阴极电位升高，就会形成单基色光栅的故障。以全红为例，出现全红光栅的故障原因为：①红基色管击穿或绿、蓝两基色管截止；②红基色信号输出直流电压升高或绿、蓝基色信号输出直流电压降低；③两路接触不良；④基色厚膜放大器损坏；⑤显像管某一阴极与灯丝漏电或击穿；⑥色度数据有问题等。同理，可推断出现全绿、全蓝光栅故障的原因。因此，这类故障出在超级芯片、存储器、基色矩阵电路（尾板）或显像管。

单基色故障检修：首先用万用表测量显像管三个阴极电压来判断故障部位。若某一路的电压特别低或特别高，说明这一路有故障。其次可拔下显像管管座再作测量，以区分故障部位。若拔下管座后电压正常了，则说明故障出在显像管内部，可电击法维修或更换显像管；若电压仍不正常，则故障出在尾板电路。最后到相应基色的一路中，用万用表作电阻测量来寻找击穿（短路）或断路的故障元件。

由于这类故障的范围较明显，所以经仔细观察、确认故障现象后，可直接到红（绿、蓝）一路中去查找故障元件。一般规律是本色（出故障的这种颜色）一路有故障（多为短路性故障），或其他两色的两路有故障（多为断路性故障）；前者光栅很亮并伴随亮度失控，后者光栅亮度正常且亮度不失控（因为这时只有一路正常工作）。

大部分机内设有束流过流保护电路，它会引起屏幕上出现单色光栅后而自行消失的故障现象。可脱开保护电路短时间开机，以方便观察故障现象，判断故障部位。

（2）缺基色偏补色

缺基色偏补色故障现象：接收彩色图像时，在屏幕上重现的彩色图像颜色单调，缺少鲜艳逼真的特征。接收标准彩条时，画面缺少红色（绿色或蓝色）偏青色（紫色或黄色）。如将色饱和度关至最小，黑白图像也不正常。

缺基色偏补色故障原因：三基色信号在恢复中，丢失了一种基色信号，屏幕上就会出现补色。在没有接收电视节目时，如果三束电子中有某束截止，则屏幕上的光栅就只有两色合成，必然会出现补色光栅。故障部位基本同单基色故障。

缺基色偏补色故障检修：

由于三个视频放大器的电路结构完全相同，可以采用电压法和信号交换法进行判断。

首先用电压法检测，如果发现显像管某一阴极电压特别高，另两个阴极正常；或某一基色输出管基极电压特别低，另两管基极电压正常等，就说明电压异常的这一路有故障。采用厚膜电路的与此相仿。如果在检测中发现显像管两阴极电压正常，而一个阴极电压低且不稳定，拔下显像管管座电压又变为 0V，则说明该阴极这一路已开路。接着用电阻法检查，就可发现断路元件。

为了快速区分故障部位，可通过插拔显像管管座来判断。若拔下管座后电压、电阻值正常，插上后不正常，则故障出在显像管上；若拔下管座后，电压、电阻值仍不正常，则故障出在尾板电路或之前电路。

（3）彩色斑块

故障现象：屏幕上呈现不规则的彩虹、或某个部位有彩斑，彩斑的大小及位置无规律。

故障原因：这是显像管磁化所引起的。

维修要点：该故障发生的部位在开关电源中的自动消磁电路。一般常见为消磁电阻损坏，除此之外还应检查消磁线圈的插排是否接触不良、是否有虚焊等。排除方法是更换消磁电阻，在保证机内消磁电路正常的情况下，若磁化严重，也可采用机外消磁法消磁。

如显像管内荫罩板变形，也会出现色斑，应急情况下可将电视机倒转方向放一段时间，看是否好转，否则，只有更换显像管。

7.8.3 彩色问题维修实例

[实例1]

故障现象：光栅、图像为黄色，伴音正常。

故障机型：长虹 SF2111 超级芯片 OM8370。

故障分析：故障可能在存储器、超级芯片、显像管及附属电路、视放电路等。根据三基色原理，可知黄光栅是缺少蓝基色，检修时应首先注意检查视放电路板中显像管的 KB 引脚。

检修步骤：

① 测量视放电路板中显像管的 KB 引脚电压为 180V，因而判断蓝阴极截止。

② 测量超级芯片㊾脚蓝视放输出电压基本正常，继续检查发现视放驱动管 VY01 发射结开路。更换三极管，故障排除。

[实例2]

故障现象：有图像和伴音，但光栅是绿色的。

故障机型：创维 21ND9000A 超级芯片 TDA9370。

故障分析：故障可能在显像管、视放、超级芯片、存储器、解码电路等。

检修步骤：

① 先从软件入手。怀疑软件白平衡不好，进入总线维修状态，调试后基本正常，但关机后重现开机，故障依旧。

② 测量三个阴极电压，红阴极电压为 148V 基本正常，蓝阴极电压为 154V 基本正常，绿阴极电压为 110V 偏低。测量三基色输入电压，红为 2.4V 正常，蓝为 2.3V 正常，绿为 3.8V 偏高。

③ 检查白平衡自动调整电路的黑电平检测元件，发现绿基色暗电流检测电阻 R524 断路。更换高电阻，故障排除。

总结：绿基色暗电流检测电阻损坏后，造成每次开机检测时 CCC 电路误判断为绿阴极电流偏小，为达到白平衡，于是自动增大绿基色信号强度，结果造成实际图像反而偏绿的故障现象。

[实例3]

故障现象：正常收看时，蓝色有轻微拖尾。

故障机型：TCL-AT34189B　超级芯片 OM8373。

故障分析：根据故障现象可以判断故障出在蓝视放级有关电路。

检修步骤：

① 检查主线路板未发现异常。

② 在尾板上（视放板）检查与蓝枪相关电路，发现清晰度调整电容 C531 虚焊，补焊后电视机正常，故障排除。

[实例4]

故障现象：图像偏青色。

故障机型：TCL-AT2565A。

故障分析：根据故障现象可以判断故障应出在视放级有关电路。

检修步骤：

① 首先检测显像管尾板红阴极电压为 200V，红驱动 Q512、Q513 两发射极电压也为 200V，测量插排 P503 的 1 脚为 0V。表明超级芯片与尾板间有断路现象。

② 经仔细检查，发现插排 P503 的 1 脚有接触不良现象，重新处理、补焊后，故障排除。

7.9　伴音问题故障的检修

7.9.1　有光栅、有图像、无伴音

故障分析：有光栅、有图像，表明开关电源电路、公共通道、扫描电路、控制系统及存储器故障条件基本正常，而无伴音，则故障主要部位在第二伴音通道上，即应从声、像分离点（预视放后）向后检查。

在 21 寸、25 寸、29 寸和 34 寸多种规格中，伴音处理电路的区别是是否加入音效处理电路。以长虹 CH-16 机芯为例，其中 21 寸彩电没有音效处理电路（TDA9859），25 寸以上彩电均设置有该电路；34 寸彩电还加入了重低音有源滤波电路（TA7558P）和重低音功放电路（TDA7056B）。

无伴音故障检修：输入 AV 音频信号如果有声音，故障多在超级芯片组成的伴音中频处理电路上，否则故障多在后级相关音频处理电路和功放电路中。这时，应从音频末级向前检查，一般可很快排除故障。从检修的角度来看，可将伴音通道分为伴音中频解调和伴音功放两大部分。对伴音功放部分通常采用干扰法来判断各级是否正常，而对于伴音中频解调部分虽然有时也可采用干扰法来判断，但在一般条件下，如果外围电路没有发现明显问题，则可采用替换的办法来解决。

7.9.2　伴音问题故障维修实例

［实例 1］

故障现象：TV 伴音小。

故障机型：海尔 29F3A-P　超级芯片 TDA9373。

故障分析：故障可能在超级芯片、TV/AV 转换、伴音功放及存储器等。

检修步骤：

① 从 AV 输入信号，音频声音正常。表明伴音功放是正常的。

② 该机伴音信号流程：超级芯片 N201 的 ㊹ 脚 → N701 → N601→扬声器。TV 伴音小，但声音听起来并不失真，说明伴音解调电路基本正常。

③ 在 N201 的㊹脚输入外接音频信号后伴音就正常了，说明是 N201 内部输出的 TV 伴音信号幅度变小而导致此故障。

④ 更换超级芯片，故障依然没有排除。

⑤ 更换存储器（24C08），试机伴音正常。进入总线维修模式后，进入第四菜单中有 VOL 项目，调整数值大小即可改变 TV 时

的音量。

　　［实例 2］

　　故障现象：伴音小。

　　故障机型：TCL-2999　超级芯片 TDA9380。

　　故障分析：故障可能在超级芯片、存储器、AV/TV 转换电路、伴音功放等。

　　该机的伴音前级解调部分由超级芯片 TDA9380 内部完成，音频解调系统由 AS5891K 完成，功放由 TDA8946 完成。

　　检修步骤：

　　① 试机 TV 时声音小，输入 AV 音频信号时声音正常。表明伴音处理电路及音频功放电路正常。故障应该在音频解调电路。

　　② 检查超级芯片⑭脚及外围元件和 Q202 没有发现异常。

　　③ 进入维修模式，检修调整音频参数，不起什么作用。

　　④ 更换超级芯片，故障依旧存在。

　　⑤ 用拷贝有数据的存储器 24C04 代换，伴音正常了，故障排除。

　　［实例 3］

　　故障现象：TV 无伴音，AV 正常。

　　故障机型：TCL-AT2965U，采用超级芯片 TDA9380，属于 UOC 机芯。

　　故障分析：故障可能在超级芯片、存储器、AV/TV 转换电路、伴音功放等。

　　检修步骤：此故障 AV1、AV2 输入图像、伴音都正常，当 AV2 切换到 TV 状态时，TV 图像正常，但伴音是 AV2 的伴音，不是 TV 的伴音，拆机仔细检查，发现 IC201㉓脚高低电平切换不正常，最后测出 R263（10kΩ）电阻损坏，更换后一切正常，故障排除。

　　［实例 4］

　　故障现象：无伴音，开机后屏幕上方有一条亮横带。

　　故障机型：TCL 2516D　超级芯片 OM8838。

故障分析：故障可能在视放电路、伴音电路等。

检修步骤：

① 打开后盖后，仔细检查发现电路板都烧了一个小洞，超级芯片⑱脚所接的电阻已烧黑，清理电路板，更换 4.7kΩ 电阻，开机黑屏，但灯丝发光。

② 检查视放电路，发现 Q509 电压不正常。拆焊下三极管 Q509，发现已经损坏，更换三极管后，故障排除。

7.10 其他方面故障的维修

7.10.1 保护电路的维修

（1）显像管束流保护

显像管束流保护在显像管过亮时启动，通常引起显像管过亮的原因有如下几种情况：一是显像管驱动供电（180～200V）异常过低，二是加速极电压过高，三是显像管 R、G、B 驱动管中有一只或两只击穿，四是显像管内阴极碰极，五是亮度电路或 ABL 电路控制异常。

（2）场失落保护

场失落保护的目的是保护荧光粉局部温度过高而灼伤，即使不能有过亮度的水平亮线出现。所以场失落保护的时间是在荧光屏没有亮的时候就已经保护了。CRT 电视的场失落保护原理是通过检测场逆程脉冲来实现的。CRT 电视场失落保护的措施有两大类：采用飞利浦电路的一般都是由 CPU 执行关机，采用东芝电路的一般是 IC 内部电路消隐动作或是外部专用消隐电路动作。

对于场失落保护，由于采样的信息是场逆程脉冲信息，是不能断开保护电路来进行检修的。即使一台不是场保护的电视如果断开场保护电路反而就变成场保护了，所以场失落保护电路是不能断开电路进行检修的，只能采用电阻法、电压法进行检测查找故障。

（3）X 射线保护

CRT 电视的 X 射线保护的目的是防止过量的 X 射线辐射和过高的逆程脉冲损坏行管。X 射线的保护原理是对行逆程幅度进行整流，通过检测经过整流的直流电压来执行硬件或者软件关机。X 射线保护措施一般都是执行关机。

对于 X 射线保护，保护采样的信息是直流，所以可以采取短暂断开电路或者降低采样直流电压的方法来判断是否是电路保护动作（最好是直流电压检测）。

（4）过压保护

过压保护主要有开关电源过压保护和行输出过压保护等。其保护目的是防止电源开关管及行管过压而损坏，保护原理一般是采用取样电阻进行取压，用直流电压来控制无电压输出或关机。

对于过压保护，可以短暂的采取断开电路或者降低采样直流电压的方法来判断是否电路保护动作。

彩电保护电路动作后的常见故障现象是"三无"，而保护电路动作的原因有两种情况：一是被保护电路确实有问题；二是被保护电路没有问题，而是保护电路本身有问题。当保护电路动作后，不能急于将保护电路断开，而应该先做一些常规检测，判断故障到底是在保护电路还是在被保护电路，然后再做进一步的检查，最终找到故障点。

对于以上保护原理的理解，只要采取正确的检修思路就可以在较短的时间内找到故障点，从而排除故障。

7.10.2　高压打火的维修

电视机高压打火是较为常见的故障，在潮湿季节更是频频发生。打火现象应引起高度重视，因高压帽、高压线及显像管尾部打火是引起彩电总线数据变化的主要原因之一，更有甚者长时间打火，将造成显像管漏气报废。

彩电束电流在 1mA 时，高压阳极电压一般为 $25\sim27\text{kV}$，黑屏时可高达 30kV，而高压嘴与显像管外壳接地石墨层之间距离又较近（30～35mm）。彩电使用一段时间后，高压嘴处产生打火现象不外乎以下四种原因：①空气中灰尘较多。电视机工作过程中，由于高压产生静电感应而将灰尘吸附在高压帽周围，使其绝缘性能下降；②空气湿度大，高压帽密封不严，使高压帽内进入潮湿空气；③高压卡簧与高压线连接焊点有毛刺，毛刺会产生尖端放电现象，将高压帽橡胶烧老化；④因高压出现异常而过高。

维修高压打火不要一开始就更换高压帽，首先要检查一下B＋电压是否过高，这是引起高压过高的主要原因。在试机时要注意观察一下图像，若发现行幅过大，特别是场幅同时减小的时候，就更要注意了，这多是由于B＋电压过高引起，使行场扫描的供电增高，行幅和场幅有都增大的趋势，同时又使高压升高，从而又使行幅和场幅缩小，总的效果是行幅增大的同时场幅减小。当把B＋电压的问题恢复到正常值时，打火现象就减轻了许多，甚至消失了，这时再处理高压帽等的问题。

彩电高压嘴发生打火现象，可用下列方法来消除：

① 清洗。先将高压嘴处放电，取下烧坏高压帽和卡簧。如果高压嘴及周围无石墨层部分的污垢不多，可用酒精棉花清洗；若污垢较厚，可用锋利刀片类工具刮除。如高压嘴有锈迹，应用砂纸等擦亮，将高压嘴里面的残留物彻底清除干净。清洗干净后，用电吹风加热将高压嘴及附近的水分除尽。

清洗时应注意：在清洗前，向用户讲明维修处理过程及修后效果、结果，防止在刮、擦高压嘴处过程中显像管漏气或损坏，造成不必要的纠纷。

② 将高压线穿入新高压帽焊接卡簧。卡簧与高压线连接处一定要圆滑，绝不能有毛刺，否则，重则一通电就出现打火，轻则使用不久将高压帽烧老化，影响使用寿命。

③ 做好高压帽的密封工作。这一步很关键，高压帽内进入潮湿空气的途径有两个：一是高压帽边沿；二是高压线穿入高压帽的孔。对高压帽边沿，一般采用在高压帽与高压嘴附近加灭弧灵类高压绝缘油脂，有条件的涂一层硅脂，效果较其他油脂理想。对高压

线入孔，由于多数换上的高压帽孔比高压线大，可用以下两种方法密封：其一是将原高压帽穿高压线部分留在高压线上，像一个套管，将与新高压帽靠近的一端剪成圆锥形。新高压帽装好后，用力将这部分套管压入，起到密封作用。其二是将新高压帽连接好后，在高压线与高压帽连接的最末端用铜丝类材料将其扎紧，再把铜丝端部处理好不留尖端。

④ 扣合高压帽。高压帽扣合后，先将高压帽向上卷起，不让它与高压嘴附近的玻壳接触。开机观察，若发现高压嘴附近玻璃冒火，表明尽管已经没有一点灰尘，玻壳表面绝缘程度还不够，还需重新进行处理，直到不打火为止。打火解除后，可给高压嘴处涂抹高压灭弧剂，涂抹范围以高压帽能盖住为准，但高压嘴周围一般不涂抹，防止卡簧接触不良现象。最后扣合高压帽，试机。

7.10.3 散焦故障的维修

散焦现象：开机一段时间，才出现光栅，且光栅的雪花点较大，图像模糊，随着开机时间的延长，有些机光栅和图像逐渐清晰。

散焦故障原因：散焦除了显像管老化或彩管本身存在质量问题外，大多数散焦故障均是由彩管管座受潮、管座氧化漏电、管座间打火、聚焦电位器断路漏电、总线聚焦数据异常、行输出变压器损坏等原因造成的。

检查和维修要点：

① 显像管严重老化。表现为光栅昏暗，偏色或缺色，甚至出现负像等。修复率较低，一般只能更换显像管。

② 管座漏电。表现在开机后，屏幕立即一片模糊，无法看清和分辨图像及色彩，一般约过十几分钟后图像才逐步清晰可辨；严重漏电时，管座有微弱的打火，并伴有"吱吱"叫声，同时管座周围散发出臭氧味（臭鸡蛋味）。管座漏电较常见的是管座中的聚焦盒，严重者可以看到内部已发霉。维修较为理想的方法是更新好管座，但更换件一定要选用同规格的良品。

③ 聚焦电位器性能不良或偏位。表现为开机后屏幕图像一直处于

模糊状态。若无专用仪表测量聚焦电压，可调节聚焦电位器，一旦在调节过程中屏幕由模糊逐步变为清晰，则表明是由聚焦电压异常所引起，故障原因可能为聚焦电位器接触不良或总线参数改变。维修时先进入总线调整，恢复不了时，应考虑更换存储器或行输出变压器。

7.10.4 其他方面故障维修实例

［实例 1］

故障现象：开机不能工作，指示灯不停闪动（即在开机待机状态之间转换）。

故障机型：TCL AT2528 超级芯片 TMPA8859。

故障分析：根据故障现象，有可能是保护电路动作而引起的。

检修步骤：

① 将待机控制管 Q823 拆卸下来。开机有光栅，但光栅模糊有散焦雾状。

② 怀疑场输出电路有问题，测量 IC301（TDA8177）的场输出端有 $-3.5\mathrm{V}$ 的直流电压。正常工作时，它应只有交流脉冲输出不应有直流电压的，这说明 IC301 有故障。

③ 测量场输出的供电电压为 $0\mathrm{V}$，正常应为 $+14\mathrm{V}$。经检查为 D406 整流二极管击穿。

④ 更换 D406、TDA8177 后试机，一切正常。

总结：IC301 是采用正负电源供电场扫描厚膜，当场扫描厚膜有故障时，场偏转线圈中就无锯齿波电流通过，不能控制电子束正确垂直扫描。这样会使荧光屏的光栅呈不规则的模糊光栅。使电子束无控制地打在显像管锥部，容易造成显像管切颈。因此，该机芯设计了场扫描脉冲对超级芯片输入信号后才能维持整机正常工作的电路。当场输出以及该信号送至超级芯片的路径元件有故障时，超级芯片没有得到场输出的脉冲信号，CPU 会自动发出关机指令。此时不能马上开机，否则依然是关机。

［实例 2］

故障现象：雷电击坏，只有指示灯点亮。

故障机型：创维 21NI9000　超级芯片 TDA9370PS。

故障分析：故障可能在电源电路、高频头、超级芯片、行场扫描等电路。

检修步骤：

① 打开后盖，开机观测。开机时可以听到有高压"咝咝"声，显像管灯丝点亮，说明行扫描电路基本正常。

② 调节加速极电压，屏幕上出现一条水平亮线。怀疑场厚膜有故障。更换场厚膜 TDA4683，故障依旧，没有排除。

③ 测量超级芯片 TDA9370⑭脚、㊴脚的电源供电电压。⑭脚电压基本正常（8V），㊴脚为 2.2V（正常为 8V）异常。脱焊下㊴脚外围连接，测量其供电电压基本正常。表明超级芯片内部短路。

④ 更换原厂超级芯片，彩电出现正常光栅，有英文菜单，但是搜台无节目、无伴音。怀疑存储器也有问题，也更换之。

⑤ 初始化存储器，搜台，一切正常，故障排除。

［实例 3］

故障现象：开机能出现光栅，但光栅马上消失。

故障机型：长虹 SF2598 超级芯片为 TDA9383。

故障分析：能瞬间出现正常的光栅，说明行扫描部分能工作。但光栅马上消失，应从保护电路入手，查找光栅消失的原因。超级芯片的㊱脚为 EHT 高压稳定/保护检测输入端，当该脚电压升高时，机器将实施保护功能，关闭㉝脚行输出脉冲，同时㊿脚输出高电平待机指令。

检修步骤：

① 测 N100（TDA9383）㉝脚电压为 7V（正常时 3V），说明行已停振。

② 测㊱脚电压 4V（正常时 1.9V），说明机器进入保护状态。

③ 重点检查㊱脚外围有关电路，发现 R894（270kΩ）开路，更换后，故障排除。

总结：该电阻选取的功率余量偏小，建议更换时应加大其功率值，以避免此故障再次发生。

第8章

海尔彩色电视机维修实例

本章主要介绍海尔彩电几个流行机芯的维修逻辑图及一些常见故障的维修实例，供学习者维修时参考。

8.1 海尔OM8370机芯维修逻辑图

海尔 OM8370 机芯"无光栅"维修逻辑图如图 8-1 所示。

(1) 无光栅

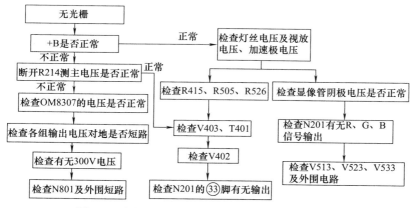

图 8-1 海尔 OM8370 机芯"无光栅"维修逻辑图

（2）水平一条亮线

海尔 OM8370 机芯"水平一条亮线"维修逻辑图如图 8-2 所示。

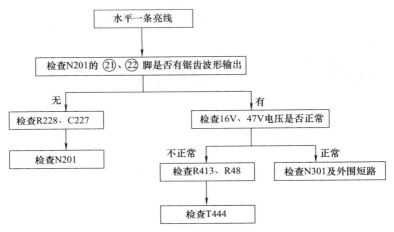

图 8-2　海尔 OM8370 机芯"水平一条亮线"维修逻辑图

（3）遥控失灵

海尔 OM8370 机芯"遥控失灵"维修逻辑图如图 8-3 所示。

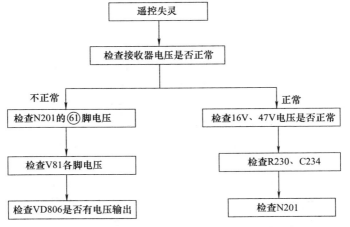

图 8-3　海尔 OM8370 机芯"遥控失灵"维修逻辑图

（4）枕行失真

海尔 OM8370 机芯"枕行失真"维修逻辑图如图 8-4 所示。

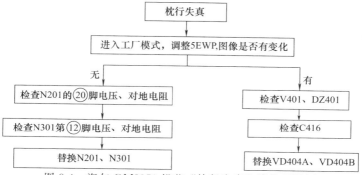

图 8-4 海尔 OM8370 机芯"枕行失真"维修逻辑图

8.2 海尔TMPA8857/8859/8879机芯 维修逻辑图

（1）水平一条亮线

海尔 TMPA 机芯"水平一条亮线"维修逻辑图如图 8-5 所示。

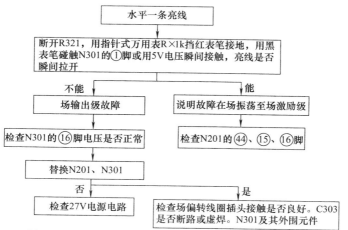

图 8-5 海尔 TMPA 机芯"水平一条亮线"维修逻辑图

(2) 无光栅

海尔 TMPA 机芯"无光栅"维修逻辑图如图 8-6 所示。

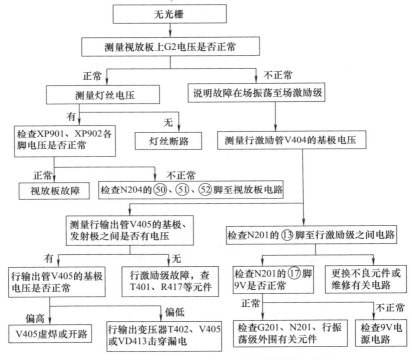

图 8-6 海尔 TMPA 机芯"无光栅"维修逻辑图

8.3 海尔 TMPA88XX系列机芯维修逻辑图(以海尔15F6B彩电为例)

(1) 三无

海尔 TMPA88XX 机芯"三无"维修逻辑图如图 8-7 所示。

(2) 水平一条亮线

海尔 TMPA88XX 机芯"水平一条亮线"维修逻辑图如图 8-8 所示。

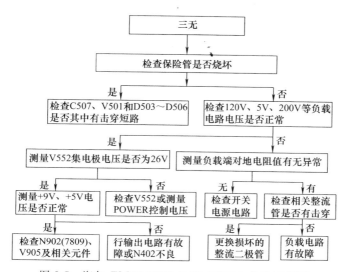

图 8-7　海尔 TMPA88XX 机芯"三无"维修逻辑图

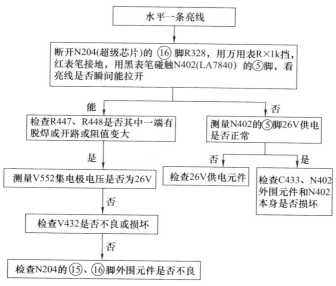

图 8-8　海尔 TMPA88XX 机芯"水平一条亮线"维修逻辑图

(3) 伴音正常，但无图像

海尔 TMPA88XX 机芯"伴音正常，但无图像"维修逻辑图如图 8-9 所示。

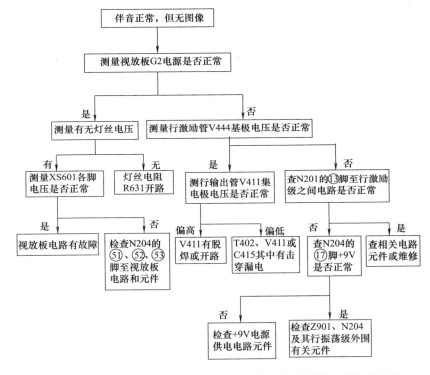

图 8-9　海尔 TMPA88XX 机芯"伴音正常，但无图像"维修逻辑图

(4) 图像正常，但无伴音

海尔 TMPA88XX 机芯"图像正常，但无伴音"维修逻辑图如图 8-10 所示。

(5) 有光栅，但无图像无伴音

海尔 TMPA88XX 机芯"有光栅，但无图像无伴音"维修逻辑图如图 8-11 所示。

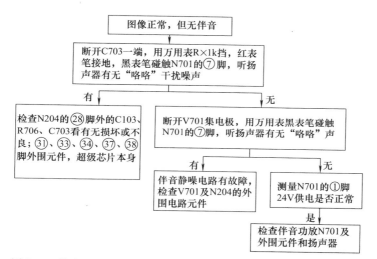

图 8-10 海尔 TMPA88XX 机芯"图像正常,但无伴音"维修逻辑图

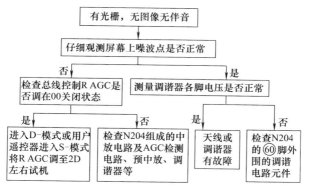

图 8-11 海尔 TMPA88XX 机芯"有光栅,但无图像无伴音"维修逻辑图

8.4 海尔彩色电视机维修实例

［实例 1］

故障现象:屡烧场厚膜集成电路。

故障机型：海尔 29F3A-P　超级芯片 TDA9373。

故障分析：屡烧场厚膜集成电路可能的原因有：更换的厚膜质量差；场外围元件还有损坏的没有查出；场偏转线圈有短路现象；供电电压过高等。

检修步骤：该机是从别处转来的，上个维修人员已经更换过 2 个厚膜。

① 测量厚膜集成电路⑧脚（供电引脚）对地正反电阻为 0Ω，脱焊开该元件，正反电阻还是 0Ω，表明厚膜已击穿。

② 认真检查了一遍厚膜外围元件，没有发现异常元件。

③ 拆卸下厚膜，开机测量⑧脚供电电压，发现有些异常。继而检查主电源电压，发现稍高。关机后，把万用表表笔连接在主电源＋B 上；重新开机，发现主电源电压为 143V（正常值为 130V），之后慢慢下降到 130V。

④ 继续检查电源稳压电路，发现电阻 R815 变值，更换该电阻，电源恢复正常。

⑤ 更换场厚膜，试机正常。

［实例 2］

故障现象：行幅度变大，东西方向也枕行失真。

故障机型：海尔 29F3A-P　超级芯片 TDA9373。

故障分析：故障可能为硬件电路的枕行校正电路有故障；软件数据有问题。

检修步骤：

① 进入总线状态，调整幅度数据与枕行失真数据，数值变化，但光栅幅度不怎么变化，表明不是软件电路问题。

② 该机从 N201 的⑳脚输出抛物波信号到 N301 的⑫脚，由⑪脚输出枕行校正信号后加到 V401，放大后加到 VD404B 的负极进行调制。

测量 VD404B 负极的电压为 1.5V 左右（正常值为 15～25V），在路测量该二极管正反电阻，分析异常。拆卸下来测量，发现已击穿。

③ 更换 VD404B，试机正常。

[实例 3]

故障现象：黑屏。

故障机型：海尔 29F3A-P　超级芯片 TDA9373。

故障分析：故障可能在显像管本身；显像管供电条件不具备；扫描电路异常；变化电路动作等。

检修步骤：

① 打开后壳，开机观测显像管灯丝，灯丝已正常点亮。

② 测量三个阴极电压在 130V，也基本正常。

③ 测量加速极电压为 0V，正常时一般在 300V 以上的。这表明加速极电压异常。

④ 拔下显像管管座，再测量加速极电压，此时为 300V 以上正常；再插上管座，加速极有为 0V。判断为显像管电子枪内部加速极短路。

⑤ 更换显像管，故障排除。

[实例 4]

故障现象：红色电源指示灯亮，不能二次开机。

故障机型：海尔 29F3A-P　超级芯片 TDA9373。

故障分析：故障可能在开机/待机短路、超级芯片、存储器、键盘电路等。电源指示灯亮，说明开关电源工作正常，N804 副电源稳压集成电路有 5V 待机电压输出。本机电源指示灯为双二极管结构，一只绿色发光二极管与一只红色发光二极管组成的共阴极结构，其中红色二极管由 3.3V 经过 1kΩ 电阻提供电压，而绿色二极管则是由 N804 输出的 8V 电压经过 1kΩ 电阻提供工作电压。待机时 8V 电压被关掉，3.3V 电压始终存在红灯亮，二次开机后，超级芯片输出开机指令，N804 的⑧脚有 8V 输出加到绿色发光二极管，绿色发光二极管点亮，作为开机指示灯的作用。

检修步骤：

① 测量 N201 的①脚电压始终为高电平，按面板键和遥控器都

不起作用，开机电平依然不能变换为低电平，说明超级芯片或外围电路有问题。

② 检查超级芯片外围电路。测量 3.3V 供电电压正常，检查晶振正常，检查总线负载正常，检查键盘电路正常。怀疑超级芯片或存储器有问题。

③ 拆卸下存储器，开机出现正常的光栅。表明存储器损坏。更换带数据的存储器，试机故障排除。

[实例 5]

故障现象：指示灯能点亮，但不能开机。

故障机型：海尔 8859　超级芯片东芝。

故障分析：故障可能在超级芯片、行场扫描电路等。

检修步骤：

① 检查二次开机后各组电源电压基本正常。

② 检查场供电电压为 0V（正常值为 27V），继而查出整流二极管 V541 断路。更换整流二极管，故障排除。

[实例 6]

故障现象：不能二次开机。

故障机型：海尔 8829 机芯　超级芯片 TMPA8829。

故障分析：故障可能在电源电路、超级芯片、行场扫描电路、保护电路等。

检修步骤：

① 开机测量主电源＋B 电压为 40～75V 变化，脱焊开行负载后＋B 电压稳定在 128V。表明行负载有严重短路现象，怀疑行输出变压器有问题。

② 更换行输出变压器，故障排除。

[实例 7]

故障现象：不能二次开机。

故障机型：海尔 8829 机芯　超级芯片 TMPA8829。

故障分析：故障可能在电源电路、超级芯片、行场扫描电路、保护电路等。

检修步骤：

① 检测二次开机后开关电源的各组输出电压都基本正常。

② 检查超级芯片各组供电电压，发现⑰脚电压 0.5V。测量对地正反电阻很小，脱焊开外围元件测量正反电阻还是很小，表明超级芯片已损坏。

③ 更换超级芯片，故障排除。

［实例 8］

故障现象：指示灯点亮，不能二次开机。

故障机型：海尔 8829 机芯　超级芯片 TMPA8829。

故障分析：故障可能在行场扫描电路、电源电路、超级芯片、存储器等。

检修步骤：

① 测量主电源电压正常。

② 检查时发现其他绕组的电压基本正常，只有场供电电压为 0V。继续检查发现是场厚膜损坏。

③ 更换场厚膜（N301 LM78041）试机，有光栅，但场中心不对称，且光栅上部出现一道亮光。

④ 测量场供电电压 27V 正常，N301 的⑤脚为 21V（正常值为 13~15V）异常，场厚膜温升较快，检查外围元件没有发现异常。

⑤ 进入总线进行调整，图像位置就正常了，⑤脚电压也正常了。

⑥ 后来发现高压打火严重，更换高压帽且进行维修处理。

总结：后询问用户得知，该机在收看过程中有"啪啪"声响过后就图像偏上显示了，收看一段时间后上部就出现了亮带现象，此后就出现自动关机。

该故障说明最初是因为高压打火，从而导致存储器损坏，进而使场厚膜损坏。

［实例 9］

故障现象：开机几分钟后光栅变暗。

故障机型：海尔 8829 机芯　超级芯片 TMPA8829。

故障分析：故障可能在行扫描电路、电源电路、超级芯片、存储器、显像管及附属电路等。

检修步骤：

① 开机后测量显像管各极电压，发现热机后加速极电压明显降低。关机后再重新开机，故障即消失，几分钟后故障又会重新。

② 关机后等待几分钟时间，然后用电烙铁给怀疑的滤波电容C909（1000pF/2kV）加热几分钟，最后开机观测。一开机故障就立马出现了，表明就是该电容漏电。

③ 更换滤波电容，故障排除。

[实例10]

故障现象：开机瞬间就烧坏行管。

故障机型：海尔8829机芯　超级芯片TMPA8829。

故障分析：故障可能在行扫描电路、电源电路、超级芯片、存储器等。

检修步骤：

① 测量主电源电压及各组低压电压，基本正常，没有发现问题。

② 仔细检查逆程电容，偏转线圈、S校正电容，没有发现损坏现象。

③ 仔细检查行输出变压器，发现高压线处有很细小的裂痕，怀疑行输出变压器有问题，更换行输出变压器。

④ 再次更换行管，试机故障排除。

第9章

TCL彩色电视机维修实例

　　本章优选普及率较高的 TCL（王牌）彩色电视机为例，从实例机型入手，分析故障现象，借助检测的基本方法及仪器，详细讲述检修步骤，通过逻辑分析和判断，引领大家进入维修的实战操作。

9.1 电源电路维修实例

［实例 1］

　　故障现象：一开机能正常工作，但工作 1～6min 便突然停机，整机无任何反应。

　　故障机型：TCL　AT3416U。

　　故障分析：待机子冷却后再开机又能正常工作，但启机工作后又重复上述现象。从故障的分析来看可能出在电源电路上，该机超级芯片为 TDA9380，电源 IC 为 STR6709 厚膜块。

　　检修步骤：

　　① 开机迅速测出电路中各关键元件的正常工作电压，以便出故障时方便对比参考与分析。刚测完 IC801①～⑨脚的电压时，电视突然自动关机（此时整机工作不到 2min）。无任何电压输出，即

使马上关掉电源开关再开机整机也无任何反应。

② 为快速查出故障元件，特采用"电阻模拟光耦工作法"来检修。首先将光耦的③-④脚与电路断开，接着在光耦③-④脚的线路板上并接一只 10～20kΩ 的电位器（这样做的目的是模拟光耦导通时的内阻，让电源初级电路独立工作，不受电源次级稳压控制检测回路的牵连与影响，使电源电路进入正常工作状态，次级各整流支路输出正常的各种电压）。将行负载电路断开，新接电位器由小调大，当 20kΩ 电位器由最小调至 9.8kΩ 时，电源＋B 由十几伏慢慢升至 140V。

③ 待各整流支路输出电压正常后，随即测量电源次级误差检测回路各点电压值。误差检测回路光耦 IC802①-②脚正常工作时其电压分别为 11.5V、9.73V，而现在却为 7.3V、6.77V，与正常工作时相差甚远。

④ 那么让光耦工作的 12V 又跑到哪里去了呢？于是测量 Q821 的 E 极为 7.5V、B 极为 8.24V、C 极为 67.7V；D828 负极为 7.5V、正极为 12.2V。显然说明 D828 开路。

⑤ 更换 D828，试机故障排除。

总结：在电源电路正常工作时，由于 D828 性能不良受热瞬间开路，使供给光耦 IC802 的供电，由正常的 12V 突然转为待机时的 7.5V，但这时 CPU 并没输出低电平的待机指令，所以光耦负极电压并没下降，但由于光耦正极电压的突然下降使光耦瞬间进入截止状态。电源初级 IC801（6709）收不到反馈信号而进入保护状态，从而出现了自动关机现象。在正常工作时，电路的各点电压又均正常，当保护停机后电源又无法启动，造成无法检修的局面。

[实例 2]

故障现象：开机全无。

故障机型：TCL-AT21189B。

故障分析：该机采用超级芯片 OM8370，属于 UL12 机芯。根据故障现象分析，最大可能为开关电源损坏。

检修步骤：

① 打开机壳后，检查保险管完好。通电开机，测量 B＋电压为零，无输出，表明电源有问题。

② 接上假负载 100W 灯泡开机，灯泡也不亮，测量 B+电压为零。

③ 测量＋300V 电压基本正常。测开关管 Q801（2SK2645）的 D 极为 300V，G 极为 0V。

④ 测电源厚膜 IC801（TDA16846）各脚电压。②脚为 12V，⑩脚为 0.8V，⑬脚为 0V，⑭脚 13V 且波动，怀疑 TDA16846 损坏。

⑤ 更换 TDA16846 后试机，只是指示灯闪烁。测量⑬脚为 1.5V 电压，表明有启动脉冲输出。怀疑 Q801 有问题，更换场效应管开关管后，输出电压正常，故障排除。

［实例 3］

故障现象：有时能开机，有时不能开机。

故障机型：TCL-AT2916U。

故障分析：故障可能在电源电路、超级芯片、存储器等。

检修步骤：

① 测量超级芯片供电电压，5V 供电正常，但是 3.3V 偏低。

② 脱开 3.3V 后级负载，电压依然偏低，表明 3.3V 稳压电源有问题。经仔细检查电阻 R256 由 1kΩ 变为 1.4kΩ，更换后故障排除。

［实例 4］

故障现象：指示灯亮，但不能二次开机。

故障机型：TCL-AT21181。

故障分析：故障可能在电源电路、超级芯片、存储器等。

检修步骤：

① 测量开关电源各组电压基本正常。

② 脱开 Q804 基极，强行开机＋8V 电压也正常，这说明故障在 CPU 控制部分。

③ 再测＋3.3V 电压为 2.7V，显然该电压不正常，为了判断是负载重还是稳压本身的问题。先脱开 3.3V 的负载电阻 R240、R237、R236，测 3.3V 输出为 3V，测 Q207 基极电压为 3.3V（正

常值为 3.9V）。拆下 D202 （ 3.9V）稳压二极管，测量正反电阻，发现性能变差。换上 3.9V 稳压二极管，试机正常，故障排除。

［实例 5］

故障现象：指示灯亮，三无。

故障机型：TCL-AT2516U。

故障分析：故障可能在电源电路、超级芯片、存储器等。

检修步骤：

① 按动遥控器待机键或本机面板中的频道加或减键时电源指示灯灭，B+(135V) 突然升高后电源自动保护停止工作，怀疑电源有问题。

② 为了确定引起电源保护部位的范围，将光耦（IC802）的③、④脚与印制板脚脱开后，改由一只 8.2kΩ 电阻代替后电视机工作正常。

③ 仔细检查发现稳压二极管 D827 性能变差，引起采样失控而引起自保，更换 D827 （6.2V/0.5W ），故障排除。

［实例 6］

故障现象：三无，指示灯亮。

故障机型：TCL-AT3416U，采用超级芯片 TDA9383。

故障分析：故障可能在电源电路、超级芯片、存储器等。

检修步骤：

① 将机板置于维修位置，开机测量 B+(135V) 正常。

② 检查其他供电电压，发现 IC201 （TDA9383）、⑭、㉑脚只有 6.5V （正常为 8V）。测量 IC841 （7808）①脚为 12V 正常，③脚为 6.5V，脱开负载，依然为 6.5V，表明稳压器 7808 已损坏。

③ 更换稳压器 7808 后，故障排除。

9.2 黑屏维修实例 ◄◄◄

［实例 1］

故障现象：指示灯点亮，三无。

故障机型：TCL 2927D　超级芯片 OM8838。

故障分析：故障可能在超级芯片、存储器、显像管附属电路及本身、扫描电路等。

检修步骤：

① 用遥控器开机，指示灯能熄灭，却表现为三无。表明超级芯片已输出了开机信号。

② 打开后盖，开机观测，发现显像管灯丝没有点亮。怀疑行电路工作不正常。

③ 测量行管 Q402 集电极电压为 135V，基极电压为 0V，可以判断行没有工作。

④ 测量超级芯片㊶脚电压为 3.15V（正常时为 0.6V），检查电容 C405 发现损坏，更换该电容，故障排除。

[实例 2]

故障现象：黑屏。

故障机型：TCL-2999　超级芯片 TDA9380。

故障分析：故障可能在超级芯片、存储器、显像管及附属电路、亮度控制电路、保护电路等。

检修步骤：

① 开机后黑屏，但关机时屏幕上有亮带出现。表明显像管及供电电压正常，电源电压也正常。

② 测量三个阴极电压为 190V，很明显三个三极管都处于截止状态。

③ 测量超级芯片(51)脚、(52)脚、(53)脚电压为 0.7V（正常时为 2.7V 左右）异常。测量超级芯片高压检测端㊱脚及 ABL 检测端电压分别为 2.3V 和 3.1V，高于它们的正常值 2.2V 和 2.4V。继续检查，发现 C414 漏电、失容。

④ 更换电容 C414 后，故障排除。

[实例 3]

故障现象：三无，指示灯亮。

故障机型：TCL-AT25U159，采用超级芯片 TDA9383。

检修步骤：

① 测量开关电源的各组输出电压基本正常。检查复位、时钟电路，没有发现异常。

② 按开机键，测量 IC201（TDA9383）①脚电压为 2.3V 高电平，表明电视机处于待机保护状态。

③ 测量 TDA9383㊱脚（保护端）电压为 0.5V 偏低（正常为 1.7V）。检查㊱脚外围元件，发现电阻 R419 由正常的 100kΩ 变为 210kΩ，更换电阻后，故障排除。

总结：R419 为控制管 Q403 的下偏置电阻，其值增大后导致 Q403 由正常的截止状态变为导通状态，使 TDA9383㊱脚电压偏低，造成误过压保护动作。

[实例 4]

故障现象：指示灯亮，三无。

故障机型：TCL-2999U，采用超级芯片 TDA9380，属于 UOC 机芯。

检修步骤：

① 测量 B+（135V）输出电源正常。

② 检查超级芯片时钟、复位电路没有发现异常。

③ 测量超级芯片 TDA9380 的脚㊴电压稍低，约为 6V，正常值应为 8V，显然有故障。㊴脚外围只有 L202、C231、C230 三只元件，经测量，没有发现故障元件，怀疑超级芯片本身有故障。

④ 脱开㊴脚再测供电电压，正常。证明超级芯片内部有短路，更换后故障排除。

[实例 5]

故障现象：黑屏。

故障机型：TCL-AT2565A。

故障分析：该机采用超级芯片 OM8373，属于 US21 机芯。出现黑屏故障可能是显像管电路、亮度通道及保护电路等有故障，电源电路、行扫描电路基本正常。

检修步骤：

① 测开关电源和行输出辅助电源正常，显像管灯丝发光正常。

② 测超级芯片 OM8373⑤①、⑤②、⑤③脚（三基色输出端）电压为 0.8V（正常为 3～4V）。

③ 测芯片⑤⓪脚（暗电流输入端）电压只有 3.8V（正常为 7V 左右）。查⑤⓪脚外围电路，发现电阻 R232（3.9kΩ）阻值变大，更换电阻后，故障排除。

［实例 6］

故障现象：黑屏。

故障机型：TCL-AT2165U，采用超级芯片 TDA9373。

检修步骤：

① 试机，TV 伴音正常，手动遥控均能换节目。

② 测超级芯片 TDA9373⑤①、⑤②、⑤③脚电压均为 1V 左右，明显偏低（正常值为 3V），⑤⓪脚电压 3.6V 偏低（正常值为 6V），CRT 三个阴极电压为 180V，说明 CRT 阴栅极截止。调高加速极电压有淡淡白光栅和回扫线。

③ 为防意外首先测 CRT 三个阴栅的热态电阻均为 3kΩ 左右，正常。怀疑 BCL. IN（自动亮度、对比度控制电路）使本机暗电流检测电路启动关闭了 R、G、B 输出。

④ 脱开 TDA9373㊾脚的焊锡后开机，光、声、图、彩均正常，顺㊾脚外围检查，发现电阻 R211 开路，更换后，故障排除。

总结：R211 开路后，ABL 电路从正电源的取样电压丢失，只能从行输出⑧脚反馈的负脉冲输入到㊾脚，亮度关闭、暗电流检测电路取样异常出现本故障。

9.3 光栅、图像、伴音维修实例

［实例 1］

故障现象：有伴音，无光栅。

故障机型：TCL-AT2570UB，采用超级芯片 TDA9373，属于 UL21 机芯。

检修步骤：

① 在没有打开机壳之前开机观察电视机，发现光栅极暗，但伴音始终正常。

② 拆下后壳后，再开机却发现光栅亮度又恢复正常，显然机内有元件虚焊现象。于是对视放板及主板进行仔细观察，没有发现虚焊点，只好将一些发热量大的元件进行补焊处理，后合盖观察故障又重新出现。

③ 反复多次后，终于发现并测得视放板的灯丝电压偏低，约 1.8V，光栅暗的原因正是此造成的。

④ 该机灯丝电压由行输出变压器的⑪脚输出逆程脉冲信号，经 R407 限流后送往视放板的管座灯丝引脚。用万用表测量行输出变压器的⑪脚电压，发现在表笔触碰该引脚时，该脚电压会恢复正常（交流 5V 左右），但时间不长该脚电压就有轻微波动现象，怀疑行输出内部有接触不良的现象。

⑤ 更换行输出变压器，故障排除。

［实例 2］

故障现象：无伴音。

故障机型：TCL-AT21276/UL12 机芯。

检修步骤：

① 首先输入 AV 信号，声音正常。

② 怀疑 DK/I 转换识别不过来，将 24C16 存储器重抄写无效。检查超级芯片 OM8370㊹脚音频输出到功放电路都正常，未发现问题。

③ 检查超级芯片 OM8370㉛脚（SNDPLL），发现电阻 R219（2.7kΩ）为开路状态，更换后排除。

［实例 3］

故障现象：有图无声。

故障机型：TCL　NT25A11（UL21 机芯）。

故障分析：TV图像正常无伴音，输入AV信号图像声音正常，说明故障在TV/AV转换或中放电路。

检修步骤：

① 将IC901（4052）⑫脚、⑬脚短接，还是没声音。

② 检查Q202（A1015）正常，说明IC201无信号输出。

③ 怀疑超级芯片有问题，代换TDA9373故障依旧。

④ 怀疑是高放到中放输入电路，当用万用表检测预中放Q101集电极时，发现喇叭有微弱的声音，将Q101拆下测量，发现BE极正向阻值变为290Ω，更换Q101后，故障排除。

[实例4]

故障现象：伴音正常，无图像。

故障机型：TCL-2999 超级芯片TDA9380。

故障分析：故障可能在超级芯片、存储器、AV/TV转换电路等。

检修步骤：

① 从AV输入端输入信号，图像、声音都正常，表明是TV系统电路有问题。

② 超级芯片的㊳脚为TV视频输出端，输出信号经Q206、Q205再送至超级芯片的㊵脚。用视频输出端子连接另一台电视机，同样没有图像。表明故障源在超级芯片的㊳脚到㊵脚之间或之前的TV中频信号电路中。

③ 测量Q206、Q205工作电压，发现Q205的集电极电压稍低、基极电压正常。检查三极管Q206、Q205正常，继续检查，发现电容C265漏电。

④ 更换C265，故障排除。

[实例5]

故障现象：场幅不足。

故障机型：TCL AT21181（UL11机芯）。

故障分析：此机以维修多次，用户反映维修人员用工厂模式调整过多次，每调一次能用2个月左右。

检修步骤：

① 进入工厂调整模式，发现工厂数据全部已调到最大。

② 打开机壳后，发现超级芯片 TDA9380 和场厚膜块也换过。

③ 开机测 TDA9380㉑、㉒脚电压为 0.45V、0.5V 比正常时偏低。检查该两脚外围元件，没有发现问题。

④ 分析认为引起两脚电压同时偏低可能与 TDA9380㉕脚基准电流有关。查㉕脚外围元件，发现 R217 由 39kΩ 变成 72kΩ。更换后，恢复工厂数据后一切正常，故障排除。

[实例 6]

故障现象：场幅小且底部有黑边。

故障机型：TCL-AT2927U。

故障分析：该机采用超级芯片 TDA9373，属于 UL12 机芯。根据故障现象分析，场扫描电路有问题。

检修步骤：

① 进入工厂菜单调场幅至最大位置，仍不能满足要求，表明不是数据有问题而引起的。

② 检查场扫描厚膜 IC301（TDA8359）的⑥脚（45V）和③脚（14V）电压都正常，查场偏转线圈也正常。

③ 更换 TDA8359，故障依旧，检查 IC301 的外围元件同样未发现故障元件。

④ 检查 TDA9373 第㉕脚（场参考电压设置），测外接电阻 R217 由 39kΩ 变为 55kΩ，换之故障排除。

[实例 7]

故障现象：屏幕左侧有一条竖带，宽约为两厘米，行中心右移。

故障机型：TCL-AT2927U。

故障分析：该机采用超级芯片 TDA9373，属于 UL12 机芯。行中心偏移主要应检查鉴相器电路。

检修步骤：检查 TDA9373 行脉冲输入脚（㉞脚）为空脚，查得 TDA9373⑯脚电容 C214（第二鉴相器滤波电容）开焊，补焊后开机正常，故障排除。

　　［**实例 8**］

　　故障现象：行幅忽大忽小，随亮度变化。

　　故障机型：TCL-AT2965U，采用超级芯片 TDA9380，属于 UOC 机芯。

　　检修步骤：这是该机型的通病，主要是电容 C408（250V/22nF）无容量，更换该电容，故障排除。

　　［**实例 9**］

　　故障现象：行幅小，枕形失真。

　　故障机型：TCL-AT34U186，采用超级芯片 TDA9380，属于 UOC 机芯。

　　检修步骤：

　　① 进入工厂模式调正常后，看半小时又变成枕形失真，再调总线也能调正常，但行幅不稳定。

　　② 检查枕校电路，发现枕校管 Q447 性能不良、R488（56kΩ）阻值变大，更换这两个元件，故障排除。

　　［**实例 10**］

　　故障现象：枕形失真。

　　故障机型：TCL-AT2916U，采用超级芯片 OM8373，属于 UL21 机芯。

　　检修步骤：

　　① 测量枕校电路的供电电压为 0V。为了区分是负载短路还是供电断路，首先断开 L441，开机测得电压仍为 0V，表明是供电电路本身出故障。

　　② 此供电电路由 C407、C408、D402、D403 等组成，最后查得 C408（250V/22nF）短路，更换后一切正常，故障排除。

　　［**实例 11**］

　　故障现象：图像逐渐变淡，后变无。

　　故障机型：TCL-AT21181，采用超级芯片 TDA9370，属于 UL11 机芯。

检修步骤：

① 正常图像收看 20min 左右后，图像变淡，后无图，然后变黑屏，马上关机又正常，反复上述过程。

② 怀疑高频头有问题，代换后，没有排除故障。

③ 检查预中放没有发现问题。更换 SAWF 后，试机几小时也未出现故障。

总结：某些机型，换台时电台频率先偏一下，然后才正常，持续时间约 3s。这也是 SAWF 问题，可直接更换 SAWF。

[实例 12]

故障现象：无伴音。

故障机型：TCL-AT34276。

故障分析：初步判定故障在伴音通道。

检修步骤：

① 测量伴音功放厚膜 IC602 供电正常，用干扰法从输入端输入信号，喇叭有"咯吱"声，表明问题不在功效。

② 向前级检查，换 IC601（NJW1136）无效。用短路法从①脚接电容到⑦脚还无伴音，问题可能还在前级。

③ 更换超级芯片 IC201，故障依旧。当用表笔量到 IC201㉛脚时喇叭有断断续续的声音，检查㉛脚外围元件，发现电容 C226（4n7/50V）轻微漏电损坏，更换 C226 故障排除。

[实例 13]

故障现象：图像淡无对比度。

故障机型：TCL-AT3416U，采用超级芯片 TDA9383。

检修步骤：

① 开机，进入维修状态调节对比度无效，怀疑总线数据出错，试换存储器 IC002（24C08）后故障依旧。

② 更换 TDA9383 后一切正常，故障排除。

[实例 14]

故障现象：不定时无图像、有斜纹干扰，而 AV 状态正常。

故障机型：TCL-AT2965U，采用超级芯片 TDA9380，属于

UOC 机芯。

检修步骤：

① 无图像时自动收台搜不到台，无伴音，视频输出有图像，说明从 IC201 的○38脚输出的视频信号到 Q205 发射极这一路正常。

② 故障范围缩小后，相关元件只剩下四个元件，R251、R252、C232 和 IC201 TDA9373。最后查明电容 C232（100n）断路，更换后故障排除。

9.4 其他方面维修实例

[实例 1]

故障现象：开机光栅正常，随即进入保护状态。

故障机型：TCL NT25A11（UL21 机芯）。

故障分析：开机时，发现光栅全部正常，随即整机进入保护状态（行扫电路停止工作，电源处于待机状态）。根据此现象，初步怀疑为场扫描电路中"场保护电路"工作不正常引起。

检修步骤：

① 首先测量场保护形成电路，当测量到 Q301 的基极时，发现无电压，而 R314 与 IC301（TDA4863）的②脚间有电压，这说明故障为 R314 开路。

② 脱开 R314，发现其已断路（正常为 100Ω），更换 R314，故障排除。

[实例 2]

故障现象：一开机，频道号往返循环自动转换。

故障机型：TCL MT29A41B 超级芯片 OM8373。

故障分析：根据故障现象，有可能是与本机键盘、超级芯片、存储器等有关。

检修步骤：

① 按本机键盘，不起作用。用遥控器可以调出菜单，台不跳

了，但菜单内选项上下变化，没有伴音。

② 检查超级芯片 OM8373 的总线，② 脚（SCL）、③ 脚（SDA）电压都在 4V 左右且有大幅度的变化，其余引脚基本正常。

③ 拔出键盘插排，总线两引脚电压依旧。

④ 更换存储器，故障依旧。

⑤ 怀疑高频头有故障。断开总线输出接高频头的两只电阻，总线两引脚电压依旧。

⑥ 只有怀疑超级芯片了，更换一只原装超级芯片，试机一切正常。

［实例 3］

故障现象：部分功能丢失。

故障机型：TCL-AT3416U。

检修步骤：该机采用超级芯片 TDA9383。开机，进入维修状态有一部分功能丢失，试换存储器 IC002（24C08）后一切正常，故障排除。

［实例 4］

故障现象：L 段末端台少。

故障机型：TCL-AT25189B。

检修步骤：进入总线，按遥控器数码键 8 进入，将高频头型号选择为 TULN，故障排除。

［实例 5］

故障现象：雷击后不开机。

故障机型：TCL AT2999UZ。

故障分析：对于雷击机，由于造成机器损坏的强电流一般是从电源或高频头进入的，所以首先损坏的也是这两部分元件，同时伴有电路板铜皮炸断、元件炸断等现象。维修前应先观察主板，更换被炸裂的元件，然后通过万用表检查与被炸元件相关的路径。进行排雷式检查，发现异常元件进行更换。雷击易损坏的元件一般为二极管、三极管、各类集成块等。超级芯片损坏率很高，光耦、电源部分的稳压管、高频头、遥控接收头一般也较易损坏。检修时需要仔细检查，检修的顺序，一般先修好电源，再检修其他故障。

检修步骤：

① 经过检查后确认为：雷电是从高频头进入的。

② 仔细检查后，损坏的元件有：TU101 、 IC201（TDA9380）、IC202（24C04）、IC901（4052）、IC902（4053）、Q101（C3779）、 Q904（C1815）、 Q905（C1815）、 Q906（C1815）、Q907（C1815）、Q206（C1815）、Q920（C144）等。逐一用良品元件更换之。

③ 几处铜箔断裂的地方，用短路线补焊。试机，故障排除。

[实例 6]

故障现象：指示灯亮，开机启动慢，10min 以上才有光栅。

故障机型：TCL-AT2965U，采用超级芯片 TDA9380，属于 UOC 机芯。

检修步骤：

① 测开关电源 B＋135V 正常。测 TDA9380㉝脚行激励输出 0.6V、行激励管基极 0.4V 正常，而集电极 110V 不正常。

② 用示波器测行激励输出波形二次开机后正常。关机测量行激励变压器初级 55Ω 正常，次极 38Ω 不正常。

③ 将行激励变压器拆下，测次极阻值 1.5Ω 正常。仔细观察发现行激励变压器次级有大量热熔胶，怀疑是由于热熔胶引起的故障，将胶去除，重新装上行激励变压器后，故障排除。

[实例 7]

故障现象：屏中心位置有垂直宽暗区，两侧有半月牙形图像。

故障机型：TCL-29U186Z。

故障分析：该机采用超级芯片 TDA9383 机芯。沙堡限幅电路有元件损坏，导致解码器中的行中心不正确。

检修步骤：最后查明 D401 限幅二极管有软击穿，造成无沙堡脉冲行电路失控，行中心偏离。

第**10**章

长虹彩色电视机维修实例

本章节主要以长虹彩电的几个系列机型为主，详细阐述故障现象、故障机型、逻辑检修及检修步骤的具体实例。

10.1 总线、存储器故障维修实例

在超级芯片彩电中，E^2PROM 存储器常有硬件和软件两种故障发生。硬件故障主要是存储器本身损坏，而软件故障主要是复制到存储器芯片内部的工厂数据紊乱。前者的故障现象主要表现在不开机或开机后蓝屏无节目，而后者主要表现在收台数目减少、白平衡失调、光栅几何失真、行/场幅度异常等。前者需要更换存储器并复制调试项目数据，而后者只需重新调整项目数据即可。

[实例 1]

故障现象：伴音失控，场幅度缩小。

故障机型：长虹 PF25118。

故障分析：同时出现了两个互不相关的故障，可能与总线数据有关，因此应先进入总线调整状态调整。

检修步骤：

① 进入总线后将场幅度、伴音数据调整后，电视机恢复正常。

同时，判断存储器性能不良，将其更换。

②用户使用几天后又出现相同故障，怀疑机内有打火现象，用两只 6V 稳压管分别接到存储器的⑤脚，⑥脚与地之间，故障此后再没有出现。

总结：由于机内打火，造成数据丢失，加稳压管可将干扰脉冲滤除。如果打火部位较为明显，一定要先排除打火现象，否则机子还会出现返修。

［实例 2］

故障现象：红灯点亮，二次不能开机。

故障机型：长虹 SF2111　超级芯片 OM8370。

故障分析：故障可能在存储器、超级芯片、扫描电路、电源电路等。

检修步骤：

①测量电源各输出电压都基本正常，只有 5V-1 电压为 2.7V（正常值为 5V）。

②脱焊开存储器 N200（AT24C08A）的⑧脚，5V-1 电压就正常了。表明存储器 N200 内部短路损坏。

③更换有数据的存储器，故障排除。

［实例 3］

故障现象：图像正常但屏幕两侧有黑边。

故障机型：长虹 SF2511。

检修步骤：

①测量电源的 16V、5V、145V 均正常。于是怀疑 N200（24C08）存储器数据丢失，拷贝完更换后果然正常。

②几天后又出现同样故障，更换存储器后又正常。再仔细检查高压帽处有轻微的打火痕迹，打开高压帽，发现挂钩处都生锈了。处理高压打火部位后，交付用户。几个月后回访，电视机正常。

总结：这个情况告诫我们更换存储器要仔细检查是否有其他使其数据丢失的原因，避免重复维修。

10.2 全无、三无故障维修实例 <<<

[实例1]

故障现象：三无。

故障机型：长虹SF2111。

检修步骤：

① 测量开关电源各组输出电压基本正常。

② 测量行管集电极电压为0V，测量行输出供电限流电阻R490两端对地电压，其中一端为115V，而另一端为0V，故判断R490断路。

③ 限流电阻烧毁后，怀疑后级有短路现象存在，经检查后没有发现短路故障，更换R490后，故障排除。

[实例2]

故障现象：不能二次开机。

故障机型：长虹PF21156。

检修步骤：

① 测量+5V-1电压为5V正常，+3.3V为3.2V基本正常。用本机按键和遥控器均不能二次开机，但取下遥控接收组件后用本机按键可以开机，并使用正常。在开机与不开机情况对比后，测量发现取下遥控接收组件后，+3.3V电源由原来的3.2V上升到3.3V。怀疑由供电电压低或电流小所引起。

② 将R565（1/6W 1kΩ）改为1/4W 680Ω电阻，提升待机时3.3V电源。几个月后，回访用户，故障排除。

总结：实际维修中发现使用超级芯片TDA9370、TDA9383和TDA9373的+3.3V电源在3.1V以上均可正常开机，使用OM8370或OM8373的+3.3V电源如低于3.3V将出现开机困难，这时我们只需将+3.3V供电在开、待机状态下控制在3.3~3.6V即可。

［实例 3］

故障现象：二次不开机。

故障机型：长虹 SF3498F。

检修步骤：

① 测量开机/待机输出端电压正常。二次开机后电源＋B 电压在 70～100V 变化，此故障有两种可能：行输出部分电路短路造成行电流过大；电源带载能力差。

② 断开负载接 100W 灯泡，＋B 电压仍偏低，说明电源本身有故障。检测电源电路时发现电阻 R808 阻值增大，更换后试机正常。

［实例 4］

故障现象：黑屏。

故障机型：长虹 PF29118　超级芯片 OM8373PS。

故障分析：故障可能在超级芯片、电源电路、行场扫描电路、保护电路、视放电路等。

检修步骤：

① 测量三个阴极电压，发现红阴极电压为 195V（正常值为 140V），表明红视放截止。

② 测量超级芯片㊿脚黑电流检测输入端，该脚正常情况下有信号时电压为 6.0V，无信号时电压为 6.6V，现在测量该脚电压为 3.5V，明显不正常，表明该引脚电流过大。

③ 测量视放放大厚膜 NY01（TDA6107Q）⑧脚电压也偏高。怀疑 NY01 损坏，更换 NY01，故障排除。

［实例 5］

故障现象：指示灯点亮，黑屏。

故障机型：长虹 PF29118　超级芯片 OM8373PS。

故障分析：故障可能在存储器、超级芯片、电源电路、扫描电路、视放电路等。

检修步骤：

① 测量开关电源输出端的各组直流电压，都基本正常。

② 测量超级芯片的54脚、56脚、61脚供电电压也基本正常。

③ 用示波器测量超级芯片②脚、③脚的总线波形也正常。

④ 用示波器测量超级芯片33脚有行激励脉冲输出。

⑤ 观测显像管的灯丝正常点亮。测量显像管的三个阴极电压均在 180V 左右。表明机子处于静噪消隐状态，即黑屏故障。

⑥ 拿一块存储器 24C16，并从计算机中复制该机型的软件数据，更换上新的存储器，故障排除。

10.3 光栅维修实例

[实例 1]

故障现象：蓝光栅、无图像、无伴音。

故障机型：长虹 SF2111　超级芯片 OM8370。

故障分析：故障可能在视放电路、公共通道、存储器、超级芯片等。

检修步骤：

① 检查存储器 N200（AT24C08A）引脚工作电压，⑤脚（正常值 2.8V）、⑥脚（正常值 3.0V）电压基本正常。

② 用示波器观测 N200⑤脚、⑥脚的波形，发现⑤脚没有信号波形。③脚波形基本正常。判断为⑤脚与③脚之间电路有问题。

③ 经检查为 R206 开路，更换该电阻后，故障排除。

[实例 2]

故障现象：水平一条亮线。

故障机型：长虹 SF2111。

故障分析：“水平一条亮线”故障范围应在场扫描电路，该机型属于 CH-16A 机芯，场扫描电路采用 TDA8356 厚膜，主要应检查这部分电路。

检修步骤：

① 测量 TDA8356③脚供电电压为 0V，表明供电电压没有加

上。测量＋16V 电源输出端电压正常，继而检查发现 R401（1Ω）断路。

② 检查其他元件，没有发现问题。更换 R401，故障排除。

总结：若供电电压正常，可检查 VD402 是否击穿短路、⑦脚至场偏转线圈至④脚间是否断路，经过上述检查还没有发现、排除故障，则一般需更换 TDA8356。

［实例 3］

故障现象：图像光栅暗，进入菜单时呈黑屏。

故障机型：长虹 SF2915。

故障分析：该机器开机后有极其暗淡的彩色图像，将亮度及对比度调到最大时，图像也很暗，而且进入菜单状态或调整音量时呈现黑色屏幕现象，只有当菜单或音量字符消失后才会出现暗淡的图像，因此应主要检查亮度通道。

检修步骤：

① 测量加速级电压为 350V 左右，基本正常。接着检测视放电路也正常。

② 测量 TDA9383⑩脚黑电流检测输入端，电压为 5.6V 也正常，相关电路也基本正常。

③ 测量 TDA9383⑭脚自动亮度控制电压为 1.3V，正常值应为 3～4V，这部分电路有异常。为了能迅速判断 ABL 电路是否有故障，将⑭脚与 ABL 电路断开。断开后开机图像亮度恢复正常，再测⑩脚电压已恢复到 3.2V，由此判断故障为 ABL 电路异常造成。

④ 查 ABL 相关电路 C486、V485、R485、R482、R481、C481，发现 R782 断路，更换 R782，故障排除。

［实例 4］

故障现象：场幅异常，即上部出现压缩且有回扫线。

故障机型：长虹 SF2111。

故障分析："场幅异常"故障范围应在场扫描电路，该机型属于 CH-16A 机芯，场扫描电路采用 TDA8356 厚膜，主要应检查这部分电路。

检修步骤：

① 首先进入调整状态，经调整场幅数据后不能排除故障，重新返回原数据，表明不是总线数据问题。

② 测量 TDA8356③脚供电电压为 16V 正常；测量⑥脚供电电压为 38V（正常为 45V）偏低。继续检查发现⑥脚外接的电容 C404 已无容量。

③ 更换电容 C404，电压恢复正常，故障排除。

总结：与此故障现象相同的原因还有：TDA8356 本身损坏；R401（4.3kΩ）阻值变大，造成场幅增大；R406（2.2Ω）或 R405（2.2Ω）阻值增大或断路，造成场幅缩小；场偏转线圈损坏，造成场幅缩小等。

[实例 5]

故障现象：开机瞬间有图像，随即呈黑屏，且左上角有 AV 字符闪烁，其他功能键都失效，但遥控可以关机。

故障机型：长虹 SF2111　超级芯片 OM8370。

故障分析：故障可能在存储器、超级芯片、扫描电路、电源电路、键盘、保护电路等。因为可以遥控关机，说明超级芯片基本工作是正常的，故障原因应在外围电路。

检修步骤：

① 测量超级芯片的各脚电压，发现⑤脚电压在 1.8V 左右，有抖动现象。故判断 AV 键有短路等问题。

② 将键盘电路的接插件拔下，故障现象消失。仔细检查按键印制板，发现 TV/AV 键引脚之间的电阻值为 0，更换该电阻，故障排除。

总结：因本机键盘电路而引起的超级芯片不能正常工作的现象是比较常见的，对其判断方法也是比较简单的，只要将键盘的接插件拔下，再观测故障是否消失，即可加以判断。但本机在检修时应保证 KEY1 输出电路与 V263 指示灯驱动电流的连接要完好，否则一旦指示灯电路开路，超级芯片系统就不再正常工作了。

10.4 图像、伴音维修实例 <<<

［实例 1］

故障现象：图像正常，无伴音。

故障机型：长虹 PF29118　超级芯片 OM8373PS。

故障分析：故障可能在超级芯片、存储器、AV/TV 转换电路、伴音功放等。

检修步骤：

① 测量伴音功放集成电路 N600（TDA8944J）的③脚和⑯脚供电电压，两脚电压为 0V（正常值为 16V）。再测量限流电阻 R666 的输入端电压为 16V 正常，而其输出端则为 0V，表明限流电阻已经开路。

② 更换限流电阻后，故障排除。

［实例 2］

故障现象：图像正常，无伴音。

故障机型：长虹 SF2111　超级芯片 OM8370。

故障分析：故障可能在存储器、超级芯片、伴音电路、AV/TV 转换等。该故障应从伴音功放入手维修。

检修步骤：

① 测量伴音功放 N600 厚膜②脚工作电压基本正常。测量其⑦脚静噪电压为 6.0V（正常有伴音时为 0V）异常，脱焊开电阻 R610，伴音正常了。表明彩电处于静噪状态。

② 进一步检查发现三极管 V890 损坏，更换该三极管，故障排除。

［实例 3］

故障现象：光栅有雪花，但无图像，无伴音。

故障机型：长虹 SF2111　超级芯片 OM8370。

故障分析：故障可能在存储器、超级芯片、公共通道等。

检修步骤：

① 检查高频头引脚各工作电压，基本正常。

② 继续检查高频通道电路。当测量到超级芯片㉚脚视频解调锁相环 PLL 时发现电压为 1.9V（正常时动态 2.5V，静态 2.4V）异常。检查发现㉚脚外接的电容 C231 脱焊，重新补焊该电容，故障排除。

[实例 4]

故障现象：无图像，伴音正常。

故障机型：长虹 SF2111　超级芯片 OM8370。

故障分析：故障可能在存储器、超级芯片、显像管及附属电路、视放电路、AV/TV 转换等。

检修步骤：

① 先来判断一下 AV 输出的视频信号正常与否。把视频信号接入另一台电视机，故障依旧。

② 用示波器观察超级芯片㉘脚视频输出信号是否正常，观察结果波形正常。判断故障在 R245A 与 V251 之间。

③ 经检查发现三极管 V251 损坏，更换该三极管，故障排除。

[实例 5]

故障现象：TV 正常，播放 DVD 时无图像

故障机型：长虹 PF2117DV。

故障分析：此故障表明 DVD 解码板、切换电路 N402、N723、超级芯片 TDA9370 等 DVD 信号通道有故障。

检修步骤：

① 首先输入外视频 AV 正常，转入 DVD 发现有 AV 图像但不正常。检查切换电路 N402⑨、⑩、⑪脚为 0.7V，转换状态电压不变。

② N402 由 N723⑪脚控制，而 N723 由 TDA9370 总线控制。查 N723⑭、⑮脚总线正常。分析认为两种情况：总线故障和 N723 损坏。

③ N402⑨、⑩、⑪脚无短路现象，先换 N723（PCF8574P）

集成电路，通电脚 5V 正常，DVD 图声正常，故障排除。

[实例 6]

故障现象：无伴音。

故障机型：长虹 SF2111。

故障分析：该机采用的伴音功放集成电路是 TDA8943，首先要判断其工作是否正常，然后逐步缩小故障范围。

检修步骤：

① 测量②脚供电电压为 12V，正常。

② 开机从 TDA8943⑤脚注入感应信号无反应，测其对地电阻已短路。

③ 拆下 TDA8943，发现其⑤、⑥脚间已炸裂，表明内部已经损坏。

④ 仔细检查 TDA8943 外围元件，发现⑥脚外接电容 C605 有脱焊现象，进行补焊。

⑤ 更换良品 TDA8943，试机，故障排除。

10.5 其他维修实例

[实例 1]

故障现象：图像有偏移，个别台转换时伴音呜呜响。

故障机型：PF2939。

故障分析：此种情况表明调谐电路及相关电路有故障。

检修步骤：

① 开机，首先测高频头各脚电压。在出现故障时，VT 脚有零点几伏的变化，更换高频头后故障未排除。

② 测 VT 调谐电压形成电路，各元件均正常，未出现元件变质及短路现象，逐一代换调谐电压形成电路各电容，当换至 C009（470nF）时故障排除。

[实例 2]

故障现象：行场均不同步。

故障机型：PF2998。

故障分析：图像行场均不同步，怀疑同步分离、鉴相器电路工作不正常。

检修步骤：

① 测量超级芯片⑯、⑰脚外接锁相环滤波电路，⑯脚电压基本正常，而⑰脚电压为 2.6V，查电容 C158 漏电。

② 更换电容 C158 后，故障排除。

第 11 章

主板代换技术

彩电主板严重损坏（如雷电击）、遇到疑难故障多次维修过、元器件严重老化（如已使用十几年）或有时遇到主板上的主要元器件如高压包、高频头、集成电路等损坏而又无法买到，就可考虑代换主板。

11.1 彩电主板的选用

市场上主板的品牌较多，主要有汇佳、科武、松下、金科等，各品牌均已推出了多代产品。选购主板，主要是根据电视机屏幕的大小来选择的，不同屏幕大小（如 21 寸以下、25 寸、29 寸、34 寸）的主板，不仅高压线、聚焦线等长度不同，而且开关电源输出的电压也会不同，高压电压、聚焦电压也可能不同。在选用时，应主要考虑屏幕的尺寸。

11.2 东芝TMP8895主板的代换

东芝 TMP8895 电路原理图可参看附录的有关内容。

11.2.1　东芝超级芯片 TMP8895 的引脚功能

（1）CPU 部分引脚定义、功能

如表 11-1 所示。

表 11-1　CPU 部分引脚定义、功能

引脚	定义	引　脚　功　能
1	U/V	波段转换脚
2	L/H	波段转换脚
3	KEY	按键输入口
4	GND	MCU 数字 GND
5	REST	复位脚，电源接通时，MCU 复位
6/7	X-TAC	晶振连接端口
8	TEST	MCU 出厂试验时用，一般接地
9	5V	CCD 限幅电路电源输入（5V）
10	V_{SS}	CCD 限幅电路地
54	GND	振荡电路接地端
55	5V	振荡电路电源
56	AV SW	输出多种 AV 控制电平或可选 S 端子识别输入
57	SDA	串行数据输出/输入口
58	SOL	串行时钟脉冲输入输出端口
59	50/60Hz	50Hz 为低电平；60Hz 为高电平；或 UHF 时电平为 1
60	VT	PWM 14bit 输出口，用于电压调谐
61	MUTE	静音电平控制；静音输出高电平
62	LED	待机高电平，遥控灯闪或可选 DVD 控制输出
63	RMT IN	遥控信号输入
64	Power	电源控制；初始化低电平有效；（电源开机默认为低电平开机）

（2）信号处理部分引脚定义、功能

如表 11-2 所示。

表 11-2　信号处理部分引脚定义、功能

引脚	定义	引　脚　功　能
11	TV GND	模拟电路地引脚
12	FBP-IN	FBP 逆程脉冲输入端子
13	H-out	行驱动脉冲输出端子
14	H-AFC	行 AFC 电路外接滤波器连接端子
15	V-SAW	连接外部锯齿波形成电容器
16	V-out	场驱动脉冲输出
17	H-Vcc	接 DEF(偏转电路)8V 电源;此脚纹波要很小
18	TV GND	模拟电路地引脚
19	Cb	Cb 分量信号输入端子
20	Y-IN	Y 信号输入端子
21	Cr	Cr 分量信号输入端子
22	EXT-AU1 L	AUDIO1 输入;AV1-AUDIO RIN
23	C-IN/CVBS3 IN	色度信号输入端子;AV2 视频输入端子
24	Y IN/CVBS2 IN	AV1 视频输入端子
25	EW OUT	EW 输出
26	TV-in	TV 视频信号输入端子
27	ABC-in	ABCL(色饱和度、亮度限制)信号输入
28	Audio-out1	音频信号输出端子 1,输出音频信号给音频功放电路
29	Audio-out2	音频信号输出端子 2
30	CVBS OUT	视频输出
31	SIFOUT/AU OUT	伴音中频输出;收音机中频输出/AUDEO 输出
32	EXT-AU1 R	AUDIO1 输入;AV1-AUDIO LIN 可选 AUDIO2 IN
33	SIF in	输入伴音第二中频信号及行相位校正信号
34	DC NF	连接电容器
35	PIF・PLL	连接 PIF-PLL 环路滤波器
36	IF-5V	接中频电路块电源 5V
37	S-Reg	连接滤波电容,稳定内部偏置

引脚	定义	引 脚 功 能
38	AU OUT	AUDIO 输出
39	IF AGC	连接 IF AGC 滤波器
40	IF GND	中频电路地线端子
41/42	IF in	输入自声表面波滤波器来的中频信号
43	RF AGC	输出 RF-AGC 控制电压至高频调谐器
44	Black Det	连接黑电平检测滤波器
45	EXT-AU2 R	AUDIO2 输入；AV2-AUDIO RIN
46	APC fil	连接彩色解码电路的 APC 滤波器
47	YC VCC5V1	YC 电源输入
48	EXT-AU2 L	AUDIO2 输入；AV2-AUDIO LIN
49	DVCC-3.3V	数字部分供电脚,最好加电感滤波
50	R out	输出基带 R 信号给视放电路
51	G out	输出基带 G 信号给视放电路
52	B out	输出基带 B 信号给视放电路
53	GND	接模拟电路地线

11. 2. 2 主板的安装

东芝 TMP8895 主板的外形结构图如图 11-1 所示。

(1) 地线与管座

显像管石墨层与尾板地线连接良好，且接与地。视放板上可以通用 7 脚细颈/9 脚粗颈/11 脚低聚焦/9 脚双聚焦管座，7 脚细管颈装入 A1 位置，9 脚粗管颈装入 A2 位置，11 脚低聚焦装入 A3 位置，最后插入尾板。

(2) 高压帽

高压帽与显像管高压嘴严密接触，尽量用硅胶粘之。

(3) 遥控器、面板及扬声器的连接

依次接入遥控接收、面板及扬声器连线。

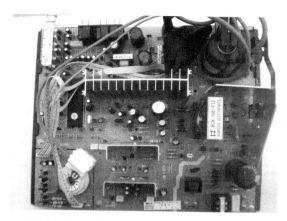

图 11-1　东芝 TMP8895 主板的外形结构图

（4）场偏转线圈的连接

测量场偏转线圈阻值在 $9\sim20\Omega$ 时，偏转线圈就不要改动，白线、黑线与插座连接好即可。

测量场偏转线圈阻值在 $30\sim60\Omega$ 时，偏转线圈就需要改动，必须由原来的串联改为并联，并联后阻值在 $9\sim20\Omega$。最后，白线、黑线与插座连接好即可。

（5）行偏转线圈插排的连接

行幅度的大小可通过改变偏转线圈红色线的接线位置（T1、T2、T3、T4、T5）来达到行幅的最佳效果。行偏转线圈插排的连接示意图如图 11-2 所示。

① 14$\sim$22 寸行偏转连接方法。

a. T2 插针（中阻）：行偏转线圈阻值在 2.2Ω 左右，S 校正电容 C435 容量在 $0.39\sim0.47\mu F$。行逆程电容 C435 在 $7n2\sim10n$。

b. T1 插针（高阻）：行偏转线圈阻值在 2.2Ω 以上，S 校正电容容量在 $0.43\sim0.68\mu F$。行逆程电容 C435 在 $7n2\sim10n$。

c. T5、T6 插针（低阻）：行偏转线圈阻值在 $1.3\sim2.2\Omega$，S 校正电容 C441 容量在 $0.22\sim0.68\mu F$。行逆程电容 C435 在 $7n2\sim8n2$。

(a) 实际图   (b) 连接示意图

图 11-2　行偏转线圈插排的连接示意图

d. T3 插针（最低阻）：电脑显示器偏转线圈（行偏转线圈由原来的并联改为串联后），行偏转线圈阻值在 $0.8\sim1.3\Omega$，S 校正电容 C441 容量在 $0.56\sim0.82\mu F$。行逆程电容 C435 在 7n2~8n2。

② 25 寸~34 寸行偏转连接方法。

a. T2 插针（中阻）：行偏转线圈阻值在 2.2Ω 左右，S 校正电容 C441 容量在 $0.39\sim0.47\mu F$。行逆程电容 C435（8n2）+ C438（10n）。

b. T1 插针（高阻）：行偏转线圈阻值在 2.2Ω 以上，S 校正电容容量在 $0.43\sim0.68\mu F$。行逆程电容 C435（8n2）+ C438（10n）。

c. T3、T5 插针（低阻）：行偏转线圈阻值在 $1.3\sim2.2\Omega$，S 校正电容 C441 容量在 $0.22\sim0.68\mu F$。行逆程电容 C435 在 8n2~10n。

(6) 通电前的检查

用万用表"R×1"挡，负表笔接主板地，红表笔分别接触以下各点测量：显像管石墨层为 0Ω；主板+B 端，为 3~5kΩ；其余各路均不为 0Ω；尾板 R、G、B 三阴极数十千欧姆以上；灯丝热端近似为 0Ω；加速极无穷大。

将聚焦极、加速极调节旋钮置于中间位置，即可通电试机。

（7）通电后遇到的问题的处理

① 图像上下颠倒时将黑线与白线对调后焊接好。如果图像左右颠倒，则将红线与蓝线对调后焊接好。

② 光栅左右不对称时，如果左边大右边小，则焊开 L441 电感的一引脚减少几圈从而减少电感量。

③ 如果出现场幅过大或过小，可以改变 R459 的阻值，场幅过小则减小该电阻，场幅过大则增大该电阻。

图 11-3 枕行失真

④ 部分电视机消磁线圈参数不同，应把原消磁电阻安装到新机板上，更换后即可。

⑤ 如果出现关机亮点，将视放板的 A 点连焊，并将 C931、C934 电容加大或减小。

⑥ 如果出现如图 11-3 所示的图形，这种情况下枕行校正量太小而无法调整枕校时，可以将 C437 电容改小到 $0.022 \sim 0.39 \mu F$。或将偏转红针插到低组插头。

11.2.3 调试

（1）进入/退出工厂模式操作方法

① 老化模式。按工厂专用键"FA"直接进入老化模式，屏幕显示"factory"。按"DISP"退出，进入白平衡模式。

按"MENU"键到调谐菜单。按"CH-"键选定调后频道；按数字键"2483"、"6483"、"6568"进入老化模式。

在工厂模式或老化模式下，按"SYS"，"音效模式"，"sleep"可直接调整数据，屏幕显示相应的菜单＋factory，按"MENU"显示主菜单调整各项数据，所有模拟量以 50 为单位步进，搜台速度加倍。若退出数据调试，按"DISP"退出，屏幕只是显示"factory"。

② 进入工厂模式。

a. 用户遥控器。进老化模式，按"DISP"退出"factory"，进入白平衡模式。

在白平衡模式下，按数字键 1、2、3、4、5、6、7、DISP 进入工厂模式。

b. 按工厂专用键"FA"三次，进入工厂调试菜单。

（2）白平衡调试

① 进入白平衡状态方法。在老化模式，按"DISP"键退出"factory"，进入白平衡模式。

按"工厂"键二次，进入白平衡模式。

在工厂调试模式，按数字键"0"返回白平衡模式。

② 加速极调整：在白平衡模式下，按"MUTE"或"-/--"键，可出现水平亮线，调加速极亮线刚好可见，则加速极调好，再按"MUTE"或"-/--"键退出。

③ 手动调整白平衡。进入白平衡状态，按 P＋/P－选设置项，V＋/V－键调设置值。

在视频亮线下手动调整白平衡快捷键；"数字键 1、4"调整红偏压，"数字键 2、5"调整绿偏压，"数字键 3、6"调整蓝偏压。

④ 用振动白平衡调整白平衡。调试接口：XS102-WB（5V，GND，SCL，SDA）。

总线释放：按"工厂"键进行观测模式后，按"AV"键 CPU 释放总线控制权自动白平衡，此时屏幕显示"BUS OFF"，调整完毕后按"AV"键回到工厂模式，再按一次"工厂"键回到正常模式。

维修资料宝库

　　彩电维修资料短缺是本修理行业中的一个老大难问题。本章给出了广大修理人员急需的常用晶体管代换及部分图纸。充分利用这些宝贵的检修资料可大大提高工作效率。

　　1. 常用晶体管参数及代换表（表 1～表 6）

表 1　常用 IN 系列整流二极管参数特性表

型号	最大整流电流 I_F/A	最高反向工作电压 V_{RM}/V	最大整流电流下的正向压降 V_F/V	最高允许结温 T_{jm}/℃
IN4000		25		
IN4001		50		
IN4002		100		
IN4003		200		
IN4004	1	400	≤1	175
IN4005		600		
IN4006		800		
IN4007		1000		
IN5400		50		
IN5401		100		
IN5402		200		
IN5403		300		
IN5404	3	400	≤0.8	175
IN5405		500		
IN5406		600		
IN5407		700		
IN5408		1000		

表2　常用快恢复二极管参数特性表

型号	反向电压/V	额定电流/A	恢复时间/μs
ES1A	400	0.75	1.5
EU1	400	0.35	0.4
EU01A	600	0.35	0.4
EU2	400	1	0.3
EU2Z	200	1	0.3
EU3A	600	1.5	0.4
RC2	600	1	0.4
RU3	800	1.5	0.4
RU2	600	1	0.4
S5295G	400	0.5	0.4
S5295J	600	0.5	0.4
RGP10	600	1	0.4
V09	400	0.8	0.4
V09C	200	0.8	0.4
IS2471	60	0.15	0.03
3JH61	600	3	0.2
1N4148	75	0.15	4
1N4448	75	0.15	4

表3　常用三极管参数特性表

型号	极性	集电极最大耗散功率 P_{CM}/mW	集电极最大允许电流 I_{CM}/mA	最高允许结温 T_{jm}/℃	集-射反向击穿电压 V_{CEO}/V	共射电流放大倍数 β	可代换型号
8050	NPN	800	>1500	150	25	85～300	2SC2383
8550	PNP	800	>1500	150	−25	85～300	A1013
9011	NPN	400	>30	150	30	28～198	
9012	PNP	625	>500	150	−20	64～202	
9013	NPN	625	>500	150	20	64～202	
9014	NPN	625	>100	150	45	6～1000	
9015	PNP	625	>100	150	−45	60～600	

续表

型号	极性	集电极最大耗散功率 P_{CM}/mW	集电极最大允许电流 I_{CM}/mA	最高允许结温 $T_{jm}/℃$	集-射反向击穿电压 V_{CEO}/V	共射电流放大倍数 β	可代换型号
9016	NPN	400	＞25	150	20	28~198	
9018	NPN	400	＞50	150	15	28~198	C388,C9016
2SD882	NPN	10000	3000		40	160	
2SD667	NPN	900	1000				2SB674,2SD400
2SC338	NPN	360	200				
2N5401	PNP	625	600		−150	240	2SA1013
2N5551	NPN	625	600		150	240	2N3440,3DG84,2SC2383
2SC1815	NPN	400	150		50	70~700	3DG1815,3DG8 3DG130C,C1740,C945
2SA1015	PNP	400	150		−50	160	2SA546,2SA608 2SA933,2SA1317 2SA678,2SA733 2SA927,3CG642 3CG608,C9012, 2N5404
2SA733	PNP	250	100		−50	205	3CG15B,3CG15C 3CG21B,3CG21C 2SA1317,2SA678 2SA1015,2SA844 2SA873,2SA564 2SA999
2S945	NPN	250	100		60	200	3DG12B,3DG130B 3DX200B,3DX201B 3DX202B,2SC3330 2SC1363,2SC1815 2SC230S,2SC725 2SC2320

边学边修 彩色电视机

型号	极性	集电极最大耗散功率 P_{CM}/mW	集电极最大允许电流 I_{CM}/mA	最高允许结温 T_{jm}/℃	集-射反向击穿电压 V_{CEO}/V	共射电流放大倍数 β	可代换型号
PH2369	NPN	500	500				C1815Y(Y.GR)
D468	NPN	900	1000			>100	D400,C2060
A966	PNP	900	1500			>100	A683,A1300
2SA1668	PNP	25000	6000	200			2SB940
2SA1837	PNP	20000	1000	230			BU406
2SA562	PNP	300	400	30			9012
2SC3311	NPN	300	100	30			C1815
2SC3779	NPN	600	100	20			9018
2SC388	PNP	300	50	30			C945,KSC388C-Y,3DD388ATM
2SC4544	NPN	8000	100	300			2SC3272
2SC4793	PNP	20000	1000	230			2SC2073
BF422	NPN	830	500	250			C2482
BUK444	NPN	25000	5000	200			IRF620

表 4 彩电常用电源管、开关管特性表

型号	反压/V	电流/A	功率/W	型号	反压/V	电流/A	功率/W
BU108	1500	5	12.5	C4291	1500	5	100
BU208D	1500	5	12.5	C4292	1500	6	100
BU209A	1500	5	12.5	C4303A	1500	6	80
BU308	1500	5	12.5	2SD348	1500	7	50
BU500	1500	6	75	D820	1500	5	50
BU508A	1500	7.5	75	D821	1500	6	50
BUY71	2200	2	40	D822	1500	7	50
BUT11A	1000	5	100	D838	2500	3	50
2SC1942	1500	3	50	D869	1500	3.5	50
C2027	1500	5	50	D870	1500	5	50

型号	反压/V	电流/A	功率/W	型号	反压/V	电流/A	功率/W
C2125	2200	5	50	D871	1500	6	50
C3480	1500	3.5	80	D898	1500	3	50
C3481	1500	5	120	D899	1500	4	50
C3482	1500	6	120	D900	1500	5	50
C3484	1500	3.5	80	D903	1500	7	50
C3485	1500	5	120	D904	1500	7	60
C3486	1500	6	120	D950	1500	3	42
C3685	1500	6	120	D952	1500	3	65
C3686	1500	7	120	D953	1500	5	70
C3687	1500	8	150	D954	1500	5	80
C3688	1500	10	150	D957A	1500	6	95
C3729	1500	5	50	D994	1500	8	50
C3883	1500	5	50	D995	2500	3	50
C4199A	1500	10	100	D1016	1500	7	50
D1142	1500	3.5	50	D1455	1500	5	50
D1143	1500	5	65	D1456	1500	6	50
D1172	1500	5	65	D1545	1500	5	50
D1173	1500	5	70	D1546	1500	6	50
D1174	1500	5	85	D1547	1500	7	50
D1175	1500	5	100	D1548	1500	10	50
D1290	1500	3	50	D1554	1500	3.5	40
D1291	1500	3	65	D1555	1500	5	50
D1341	1500	5	50	D1556	1500	6	50
D1342	1500	5	50	D1577	1500	5	80
D134	1500	6	50	D1632	1500	4	70
D1344	1500	6	50	D1884	1500	5	60
D1397	1500	3.5	50	D1885	1500	6	60
D1398	1500	5	50	D1886	1500	8	70
D1399	1500	6	60	D1887	1500	10	70
D1402	1500	5	120	D1911	1500	5	50
D1344	1500	6	50	D1884	1500	5	60
D1403	1500	6	120	D1941	1500	6	50

型号	反压/V	电流/A	功率/W	型号	反压/V	电流/A	功率/W
D1426	1500	3.5	80	D1635	1500	5	100
D1427	1500	5	80	D1650	1500	3.5	50
D1428	1500	6	80	D1651	1500	5	60
D1431	1500	5	80	D1652	1500	6	60
D1432	1500	6	80	D1653	1500	2.5	50
D1433	1500	7	80	D1654	1500	3.5	50
D1434	1700	5	80	D1655	1700	5	60
D1454	1500	4	50	D1656	1500	6	60
D1710	1500	6	100	BU2522AF	1500	10	80
D1711	1500	7	100	BU2522DF	1500	10	80
D1729	1500	3.5	60	BU2523AF	1500	10	80
D1730	1500	5	100	BU2523DF	1500	10	80
D1731	1500	6	100	BU2525AF	1500	12	80
D1732	1500	7	120	BU2525DF	1500	12	125
D1737	1500	3.5	60	BUW11AF	1000	5	100
D1738	1500	5	100	BUW12AF	1000	8	125
D1739	1500	6	100	BUW13AF	1000	15	175
D1876	1500	3	50	BUW14AF	1000	20	175
D1877	1500	4	50	BUW48AF	1000	60	150
D1878	1500	5	60	BUT11A	1000	5	100
D1879	1500	6	60	BUS12A	1000	8	125
D1880	1500	8	70	BUS13A	1000	15	175
D1881	1500	10	70	BUS14A	1000	30	250
D1882	1500	3	50	BUX48A	1000	7	175
D1883	1500	4	50	BUX48B	1100	10	175
BU2506AF	1500	3.5	50	BUX48C	1200	15	175
BU2506DF	1500	3.5	50	BUX84	800	2	40
BU2507AF	1500	6	45	BUX85	1000	3	40
BU2507DF	1500	6	125	BUX86	1200	4	40
BU2508AF	1500	8	45	BUX98	850	30	250
BU2508DF	1500	8	125	BUX98A	1000	30	250
BU2520AF	1500	10	45	BUX98C	1200	30	250
BU2520DF	1500	10	125	BUT12A	1000	10	100

表5　行管、电源管代换

型号	代换型号	型号	代换型号
D1403	D1432,BU508	2SC5144	2SC5422
BUT11A	BUX84,C3169	2SC5287	BU2508D,2SC4706
D1427(D)	D1555	2SD1880	BU2520DX
C4706	C3688,C4111	2SD2499	BU2508D
2SD2539	BU2508D	3DD1555 带阻尼	BU2508D
2SD2553	BU4508AX	BU4508AX	BU2527AX
2SK2545	2SK1117	BU4522AX	2SC5047
2SK2645	2SK1117	BUZ91A	2SK1117
2SK2996	2SK1117	SPA04N80C3	2SK1539
2SK3298	2SK1117	STW9N80	2SK1117
2SD1651Y	3DD2102	2SC5144	2SC5857
BU2720D	3DD1557	2SD1555	2SD2253,3DD1557
2SC4745	2SC4706(加云母片)	2SD1710	2SC4706(加云母片),2SC5247
THD215	ST2310H1	2SC4557	2SC4706
2SC1569	3DA1569		

表6　彩电常用开关管、行管代换

类　　型	互　换　型　号
21寸以下机型行输出管	2SD1554、2SD1555、2SD2499、2SD2624、2SD1426、2SD1651、BU2508DF、BU4508DK、2SD1427
21寸以下机型电源开关管	2SD1545、2SD2498、2SD1710、BUH515、2SC4458、BUT11AF、2SC5287、2SD2498、2SD1402、2SD2334
25～29寸机型行输出管	2SD1547、2SD2553、2SC5148、2SD2253、2SC5150、2SC5422、2SD2500、BU2525A、BUH1015D、2SD3927
25～29寸机型电源开关管	2SC3688AST、2SD3683、2SC4111、2SD4706、2SC5148、2SC1547、2SD3927、2SD2500、2SD1403
34～38寸机型行输出管	2SD2500、2SD2553、2SD2253

2. 电源厚膜块的代换

（1）1265 系列电源厚膜块的代换（表 7）

表 7　1265 系列电源厚膜块的代换

生产商	型号	机芯应用举例	特　点
日本仙童	KA5Q1265、KA5Q0765、FSCQ1265RT、KACQ1265RT	长虹 CH-16、CH-13、CH-18、TCL US21	KA5Q 系列较 FSCQ 系列封装形式不同，即 KA5Q 系列体积大、电流大、功率高。KA5Q 供电脚正常工作要求高于 20V，而 FSCQ 和 KACQ 供电脚（3 脚）上一般接有 18V 稳压二极管

FSCQ1265RT 同系列	FSCQ1265RT 同系列特点	FSCQ1265RT 同系列的代换
FSCQ0765RT、FSCQ1265RQ	①1565 通常用于大屏幕 29 寸以上；1265 通常用于 25 寸及以下屏幕上；② 功率：1565＞1265＞0765	大功率可以代换小功率

KA5Q 系列代换 FSCQ 系列
代换时，需将③脚外围的 18V 稳压管去掉、限流电阻（一般为几百欧，有些机型没有此电阻）短接

（2）STR-F 系列电源厚膜块的代换

STR-F 6653、STR-F6454、STR-F6656、STR-F6658 这几种电源厚膜块功能相同，只存在功率差异。功率关系为 STR-F6658＞STR-F6656＞STR-F6454＞STR-F 6653。一般来说，功率大的可以代换功率小的，反之则不行。

（3）STR-G 系列电源厚膜块的代换

STR-G8656、STR-G5623、STR-G5653 这几种电源厚膜块功能相同，只存在功率差异。功率关系为 STR-G8656＞STR-G5623＞STR-G5653。一般来说，功率大的可以代换功率小的，反之则不行。

（4）常用电源厚膜块的直接代换（表 8）

表 8　常用电源厚膜块的直接代换

LA5110	LA5110H、LA5110N、LA5112、LA5112H、LA5112N
HL201	HM9101、HM9102、HRL201、HM7939
HM114	HS0114、HW0114、HSOY014、JU003、JU003A、JU0008、JU0086、JU0111、JU0114、JU0130、JU0116
HM764	HM8546
HM6401	HM6402、NM6403、HM6404、HM6406
HM7101	HS7101、HW7101、HM7103、HS7103、HW7103、HM7941
HM9201	HM8202、HM9203、HM9204、HM9205、HM9206、HM9207、HS9202～9207、HW9202～9207
HM8801	HG8801、HG8801G
HM8901	HG8901、HG8901A、HG8901B、HM8901A、HM8901B
HM8951	HG8951、HG8951A、HG8951B、HM8951A、HM8951B、HM8916
STR5312	STR5314、STR5412、KWY5412、HKD9501、HG5312
STR450	STR451、STR452、STR454～456、456A、STR514、STR4520、IX0205CE
STR4090	STR4090S、STR4060、STR4211、HKD9540、IX0247CE、IX0323CE
STR4412	STR40115、STR50115B、STR50103A、STR-D4412
STR6020	STR6020S（用 STR6020 代换 6020S 时要加大散热片）、HKD9560
STR50213	STR51213（用 STR50123 代换 STR51213S 时要加大散热片）
STR54041	STR58041、HKD9502（用 STR54041 代换 STR58041 要加大散热片）
STR-S6307	STR-S6308、STR-S6039（STR-S6307 代换 STR-S6308、STR-S6039 时要加大散热片）
STR-S6707	STR-S6708、STR-S6709（用 STR-S6707 代换 STR-S6708、STR-S6709 时要加大散热片）
STK7308	IX0308CE、HS0308、STK7309、STK7310
STK7358	IX0689CE、HS0689、STK7359
STK7406	STK7408（用 STK7406 代换 STK7408 时要加大散热片）
STR-D5095	STR-D5095A（用 STR-D5095 代换 STR-D5095A 时要加大散热片）
STR-D6601	STR-D6601M（用 STR-D6601 代换 STR-D6601M 时要加大散热片）
STR-Z4302 STR-Z4202	STR-Z3202、STR-Z3302（用 STR-Z3202 代换 STR-Z3302、STR-Z4302、STR-Z4202 时要加大散热片）

STR-F6654 STR-F6626	STR-F6656、STR-6658、STR-F6653（用 STR-F6654 代换 STR-F6656、STR-6658 时要加大散热片）
STR59041	STR58041（用 STR58041 代换 STR59041 时要加大散热片）
STR-M6821	STR-M6831、STR-M6529、STR-M6838、STR-S6545LF（用 STR-M6821 代换 STR-M6831 时要加大散热片）
STR-S5941	STR-S5741、（用 STR-S5741 代换 STR-S5941 时要加大散热片）
STR81145A	STR80145A（用 STR80145A 代换 STR81145A 时要加大散热片）
S1854	S1854BM-2、S1854BN-4、S1854BM-5、SE110、SE115、SE139N
HL201	HM9101、HM9102、HRL201、HM7939
STR6307	STR-D1706、STR-D1816
STR6707	STR6708、STR6709（用 STR6707 代换 STR6708、STR6709 时要加大散热片）
56A245-22	STR440、STR441、STR442、STR446
56A245- 356A246	STR40090、STR41090、IX0256CE、IX0465CE、IX0512CE、IX0645CE、HKD9505

3. 彩电原理图

（1）长虹 SF2111 机型整机原理图（见插页）

（2）海尔 OM8370 机型整机原理图（见插页）

（3）东芝超级芯片 TMP8895 整机原理图（见插页）

参 考 文 献

[1] 王学屯. 跟我学修彩色电视机. 北京：电子工业出版社，2010.
[2] 王学屯. 彩色电视机维修技术. 北京：高等教育出版社，2008.
[3] 张庆双. 新型超级芯片彩色电视机检修指南. 北京：机械工业出版社，2008.
[4] 杨成伟. 教你检修超级芯片彩色电视机. 北京：电子工业出版社，2008.